互動式管理的藝術

● 作者

Dr. Phillip L. Hunsaker

為聖地牙哥大學商學院管理學教授、企業管理所所長，而且也是全球知名的顧問、研討會主講人，在人力資源、管理以及組織發展領域的研究心得更是獲得全球的肯定。除曾在學術及專業性刊物發表超過百篇的文章，並著有*You Can Make It Happen: A Guide to Personal and Organizational Change*、*Managing Organizational Behavior*及*Strategies and Skills for Managerial Women*等書。

Dr. Tony Alessandra

為美國行銷及溝通重量級的演講者，每年演講場次將近一百場，每場都有三千五百人左右與會。1985年更獲頒C.A.P.E.獎項，是美國全國演講者協會(National Speakers Association)為優秀演講者所頒發的最高榮譽。他結合了在行銷方面的經驗、學術訓練，以及在大學授課的背景，設計出一套行銷訓練系統，為行銷注入創新的活力，成功地建立起在教育界及娛樂界的地位。至今除發表超過百篇的文章及著有*Non-Manipulative Selling and The Business of Selling*一書外，並擔任有聲書*Non-Manipulative Selling*、*Relationship Strategies*，和*Improving Yourself*、*Relationship Selling*、*Non-Manipulative Selling*等一系列錄影帶節目之主講。在迪士尼(Walt Disney)及麥格羅希爾(McGraw-Hill)以管理藝術為主題所製作的影片，亦參與發表精闢的論點，包括得獎作品*Power of Listening*。

● 譯者

胡瑋珊

國立中興大學經濟系畢業，曾任英商路透社編譯、記者，現任專業譯者，譯著領域廣及財經、商管、勵志、語言學習與科技新知等，其中《知識管理》一書獲經濟部頒發九十年度「金書獎」。

三民書局

THE ART OF MANAGING PEOPLE

by Phillip L. Hunsaker & Tony Alessandra
originally published by Prentice-Hall, Inc. in 1986

謹以此獻給我們的父母，
正是他們引領子女體驗初次的互動式管理藝術。

To our parents,
who provided our first experience
in the Art of Managing People.

前　言

對於當今的經理人而言，如何有效率的進行人員管理可以說是最具挑戰性的一項工作。坊間已經有不少這類的書籍，協助經理人提升「管理」他人的成效，其中不乏各種理論、理念、策略和技巧等等。這個主題的討論熱度不會就此消退，未來必然還有許多以此為主題的書籍陸續出現。既然如此，各位何必花時間來讀本書，而非其他的書呢？本書有何獨到之處？為什麼是你不容錯過的好書？當你讀完本書，你又能夠得到什麼樣的收穫？

人員管理是一個不斷變化與演進的藝術。幾年前提出的管理理念在當今的環境已經不再適用。不僅人一直在變，商業環境也已經不同於以往，而且政府的做法也有所改變，全球經濟的變化更是劇烈。資源不足的問題持續惡化，尤其是具備技能的勞工這項珍貴的人力資源更是如此。吸引、訓練、激勵及留住員工變得更為困難，並且得付出更高的代價。而且總總問題並不會就此解決，未來還會繼續惡化。因此，「如何有效管理員工」此項議題相形重要，未來其重要性更是只會有增無減。本書所要討論的正是這個重要的議題。

經理人和員工之間往往存在著許許多多的問題，《互動式管理的藝術》的主旨便在於一一解決這些麻煩問題。雖然這個想法並不是全新的觀點，但是要如何將這些觀點落實在建立經理人與員工的關係上，便是我們的解決方案獨一無二之處。經理人若給予員工充分表達意見的空間，則員工的工作表現會更有效率、更有生產力；而這也是本書的基本哲學。經理人必須讓員工更加活躍，更加獨立，並且能夠充分掌握自己的工作，以及能夠暢所欲言，表達自己的看法，如此一來，員工不論是在個人生活層面、還是在專業領域都會有更優秀的表現，公司的生產力也得以達到最理想的境界。《互動式管理的藝術》指引經理人如何和員工建立緊密的信賴關係，從而組成有效的工作團隊，並透過健康的人際關係，將具有生產效能且樂在工作的人員結合起來，創造最大的工作成果。

本書將會介紹幾種識人的方法，協助讀者分辨及了解周遭的人屬於哪一種類型。此外，本書將帶領讀者深入了解人們偏好的各種學習方式，使學習更有效率。還有認識不同的人格類型，用有生產力、有效率的方法觀察周遭的人，並將他們的人格特質進行分類。你們也會從本書中了解到如何評估個人的決策風格，以及如何將其應用在解決問題上。

除此之外，各位還能夠從本書學到各種互動的溝通技巧，其中包括質疑、積極聆聽、非言語的溝通以及意見回應等。這些質疑技巧和策略，能夠協助各位更輕易地找出員工的問題並了解他們的需求，至於聆聽的技巧則能夠讓你在和員工溝通時更加敏銳和專注。有些事情只能意會，經由提升對這類訊息的領會能力，你自然能夠了解別人心裡真正的想法和感受。意見回應的技巧有助於消弭溝通的距離，讓彼此在溝通時能互相了解。

各位讀完本書之後，可以將書中介紹的各種技巧、原則與技術運用到自己的工作崗位上，這麼做能夠協助各位和員工進行更有效的互動，並且在公開、坦誠、互信的氣氛中，協助對方解決問題。員工所面臨的問題解決之後，他們自然會對你更加支持和愛戴，這對你和員工而言都是雙贏。而且無論是個人生活，還是專業領域都能夠獲得更大的成就和滿足，公司目標也能夠圓滿達成。《互動式管理的藝術》中所介紹的管理方法是其他書籍所沒有的，在這種獨一無二的管理方法之下，生產力得以大幅提升，公司的獲利也能夠大為增加。

本書許多理念跟概念都是經過實際驗證的，筆者過去幾年來在演講與研討會上，和成千上萬的經理人、主管、行銷經理及行銷人員交換心得，他們所提供的各種建議和批評成為本書的素材，經過筆者的整合，成為一本以務實、成功為導向的書。非常歡迎讀者對本書內容或實際應用方面提出寶貴的意見，同時我們也非常樂意協助各位將本書的理念落實到企業的實際工作中。

本書是多年研究與實際經驗的結晶，這些年來，有許許多多人以間接或直接的方式，協助本書的完成。由於這個名單實在太長，無法在此一一列舉。不過對於這些不吝分享意見、理念的朋友們，我們要藉著這個機會表達謝意。要是沒有他們，本書可能至今仍無法付梓。另外要特別感謝菲利普·威克斯勒 (Phillip S. Wexler)，在本書撰寫之前，慷慨地分享許多重要理念，在撰寫過程中，也不斷提供他的想法。此外，還要感謝葛蘭·赫特 (Glend Holt)，他為了協助我們如期完成書稿，日以繼夜的謄寫、編輯，並且把整份文稿輸入電腦。最後，我們希望藉這個機會感謝兩位賢內助喬安娜以及珍妮斯，還有我們的小孩賈斯汀、凱西、菲利浦以及莎拉；在寫這本書的期間，因為有家人的體諒與支持，我們才能夠克服各種挑戰順利完成書稿。

目　次

互動式溝通的技巧

Part III 透過互動的力量來解決問題

「喔，請賜給我們力量，讓我們能夠如同別人看我們那般看待自己。」

——羅伯特・柏恩斯 (*Robert Burns*)，一七八六年

第一章 建立具生產力的管理關係

當你與別人互動時，可曾希望能夠突然獲得魔力，知道別人心裡到底怎麼看你？身為經理人，知道別人對你的觀感的確非常重要，這些理由可以洋洋灑灑的列出一大篇。但是，在許多情況下，有時還是寧可不知道的好。

「這個無能的渾蛋又要我去做他的工作。」

「又在假笑了。她根本不是真心的關心我。」

「他讓我覺得自己好蠢，而且好無助。」

「她把我當作小孩耍。我要是有機會，可要好好的回報一番。」

「他問問題的方式好像在質疑我所說的每句話。」

「全部都是她在說，好像我的意見完全不重要。」

「我說話的時候他都沒有表情，讓人懷疑他到底了不了解我所說的話，說不定他根本沒有在聽。」

「不管我說什麼她都唱反調。好像我總是錯，而她永遠都對。」

全世界有成千上萬的經理人，每天都有類似的牢騷衝著他們而來。

無奈這些經理人沒有看穿人心的本事，無法讀出部屬、同事、上司的心思，因此對此渾然不覺，當然也不會曉得問題出在哪兒。事實上，許多經理人根本不知道有這種問題存在。而且還不只是一般的經理人而已，連最傑出的人才也有這樣的情形。問題的癥結倒不是在於缺乏活力、經驗、對於工作不夠投入、或不夠聰慧等因素，而在於未能和他人建立並維持具有生產力的關係。許多調查都希望了解經理人應該具備何種條件才能夠有效的達成任務，結果大多數的調查皆顯示經理人必須具備和他人和諧相處的能力。身為經理人，各位對這個答案可能並不怎麼意外，但為什麼對許多人而言這仍是個大問題?

當然有許多不同的原因，不過其中之一是經理人往往沒有接受過如何建立具有生產力關係的訓練。現今許多經理人都有相當不錯的學歷，譬如企業管理或工程等領域的學位，但是這些專長並不能夠和關係管理畫上等號。就算是多年來在技術領域擁有輝煌成就，也並不表示就具有關係管理的能力。因此，經理人雖然在技術領域擁有傲人的成績和學歷，但是處理人事問題的能力卻相當貧乏。即使他們具有這方面的能力，但是大多數的經理人卻不認為可以實際解決人員方面的問題。

在商業的世界裡，「管理」這門學問總是和生產力脫不了關係。怎麼說呢? 這是因為生產力可以說是組織成功與否的關鍵，同時也攸關經理人的事業前景。你在評估部屬的工作表現時，會以他們的生產力作為衡量的標準，因為別人正是用部屬的生產力來評量你的工作表現。在這種單方面的評估系統裡，人員往往被視為如原料、資金般的資源，公司可以盡其所能的剝削。但是這樣的態度會造成很嚴重的後果，對於公司和員工雙方都沒有好處，員工也不會為了公司的目標效力，因為在現今的社會中，員工不可能容許公司這麼對待他們。只有在工作上的需求獲得滿足，員工才會發揮最大的生產力，經理人要了解這點，才能夠成功的帶兵遣將。經理人必須對員工的價值觀、需求與行為動機充分了解，並具備溝通技巧，用員工能夠接受的方法，鼓勵他們為公司的目標共同努力。

如果把生產力比擬為硬幣，那麼完成工作只能說是這枚硬幣的其中一面而已。若要達到長期的效益，在完成工作的同時，你也得關心部屬或同儕的需求才行。事實上，「管理」這門學問的定義就是透過他人的努力來完成工作。剝削他人勞力、主宰他人行動固然能夠讓你完成短期的目標，但是長期而言，效率（甚至於你的事業）可能會面臨巨大的威脅。員工累積的不滿和敵意一旦爆發（不管是私底下還是公開），你經理人的地位可就岌岌可危了。

我們可以用腳踏車來比喻這個道理，技術方面的知識跟人際關係的知識分別是腳踏車的兩個輪子。技術方面的知識可以說是推動腳踏車前進的後輪，這個輪子提供足夠的動力，讓你能夠到達想要去的地方。至於人際關係的知識就好像前輪，負責操控方向、指揮及帶領後輪到你想要去的地方。就算你具備了絕佳的技術知識，但是如果員工不願意配合，或不知道你到底要朝哪個方向前進，那麼哪兒也去不了，這就是互動式管理之所以重要的原因。

不管你多麼有野心，或者多麼的能幹，如果不和別人建立並保持具有生產力的關係，那麼自然無法成為有效率的經理人。你得知道如何建立良善的互動關係，這樣別人才願意和你共事，並且接受你的行事作風，而不會產生排斥的心理。

但這是否表示你得唯唯諾諾，凡事以他人為優先，只滿足別人的需求和期望呢？還是你得規劃一番鴻圖大略，踩著別人往上爬？抑或是對於攸關自己前途的重要人士拼命巴結，對於他人則不聞不問？這些問題的答案當然都是否定的！

其實你應該盡力和與你共事的人（不論是上司、同儕、還是部屬）建立起緊密的、友善的、坦誠、互信的關係。各位身為經理人，應該一肩挑起這兩大責任：第一，傾全力完成技術方面的工作，圓滿完成交付給你的職責；第二，全力以赴和周遭的人員互動。本書的重點便是協助各位讀者達成第二項責任。本書的主旨在於開發和他人互動的管理技巧，為自己、為他人創造雙贏的局面，並且為所服務的組織帶來最大的生產力。

人員管理的互動方式

許多針對人類性格所進行的研究顯示，只要是身心健康的人都希望受到他人尊敬，並且在追求目標的過程中，能夠施展所長以及獨當一面。然而，針對技術性管理的研究卻顯示，這種管理模式主要為上對下的主宰型態，而且以生產力為導向，這種特性往往會使員工感到卑微、被動，能力無從發揮，更不要說開發潛能了。員工的所作所為都是為了滿足公司或經理人的需求，而不是為了滿足自己的渴望，在這種模式之下，員工會產生氣餒、挫折、厭惡的情緒，生產力也無法充分發揮。因此，員工常常會採取一種自我防衛的機制，把自己從工作中抽離出來（譬如上班時間做白日夢、態度惡劣、對工作漠不關心），或公開反抗經理人的命令，甚至反抗整個體制。

如果員工利用這種防衛機制壓抑自己的挫折感，經理人可能無從察覺員工心裡的問題。不過，如果員工公然和體制對抗，那麼技術性的經理人通常會增加高壓控制，採取更嚴格的懲罰制度或其他行動來「糾正」員工的行為，但是這些舉動只會加深員工的挫折感，讓雙方的距離越拉越遠，不信任與厭惡的情緒更會如野火燎原般蔓延開來，最後雙方都成為輸家。

互動式的管理哲學正是為了克服經理人和員工之間的難題而開發的。雖然這並不是全新的觀點，但若是將這些觀點落實在建立主管與員工的關係上，這會是一套獨一無二的方法。操縱、剝削他人的做法非但不健康，而且也無利可圖，這個道理正是互動式管理哲學的基礎。此外，一但員工覺得自己的心聲受到主管重視，他們自然會對工作全力以赴，如果只是強迫員工努力工作，絕對無法達到這樣的效果，這也是互動式管理的重要信念。主管應該協助員工了解公司運作的程序，而不是強迫他們遵從。這個程序應該建立在互信互賴的關係上，而這樣的關係則有賴坦誠與公開的態度才能夠成形。各位可以從表 1–1 了解到技術性及互動式這兩種管理模式主要的差異何在。

◆公司導向 vs. 員工導向

在技術性管理的模式中，經理人把全部的精力放在公司交付的任務上，而非員工身上。不管員工付出什麼代價都必須完成使命，這是技術性管理模式最主要的動力來源。經理人不論在言語或行為中，在在顯示出急迫、不耐煩以及以上對下的主宰模式。

然而互動式管理就不是這樣，經理人扮演的是一種顧問的角色，是員工可以諮商的對象，同時也是解決問題的龍頭。在這種模式之下，經理人的當務之急在於協助部屬找出最適當的行動方式並同心協力完成使命。經理人的一言一行在在強調信賴、信心、耐心、同理心和協助的重要。因此，經理人和員工的關係愈發緊密，成為一種雙贏的局面。

表 1-1　技術性與互動式管理模式之間的差異

技術性的管理模式	互動式的管理模式
公司導向	員工導向
命令式	解釋並聆聽
強迫遵守	建立員工的使命感
工作導向	以人為本
僵化	適應能力
阻礙需求	滿足需求
產生恐懼感和緊張的關係	建立起信賴感並互相了解

◆命令式 vs. 解釋並聆聽

技術性的管理模式之下，經理人主導談話的內容，部屬除了點頭表示服從之外，幾乎沒有發言的機會。相反的，互動式的管理模式強調雙向的討論及回饋，共同找出解決方法。經理人必須知道如何提出問題、仔細聆聽對方意見及如何適時的回應意見，並且必須具備優秀的溝通能力和自信。

◆強迫遵守 vs. 建立員工的使命感

在技術性的管理模式之下，經理人靠的是權力，他們常說：「照我的方法做！否則就……」「經理人負責動腦，員工負責動手」「一切由管理階層決定」。不管員工到底有沒有心理準備，都得照經理人的指令行事。這種技術性的管理模式短期而言或許可以奏效，但是一般來說，心有不滿的員工很可能會在暗地裡反抗，或者一有機會就辭職不幹。

至於互動式的管理模式則是強調將短期與長期目標有效結合。這類經理人讓員工有「喘息的空間」，給員工合理的期限解決他們所面臨的問題。對於經理人而言，建立有效的工作團隊才是當務之急，員工表面上是否服從倒沒有這麼重要。這種導向或許需要比較久的時間才能夠看出成果，但是員工比較不會產生反感，經理人和員工之間的善意及信賴感大幅提升，也有益於長期的士氣，在這種情況下，效率自然會有明顯的進步。

◆工作導向 vs. 以人為本

對於技術性管理模式的經理人而言，如期完成生產目標要比開發人員來的重要。這種以工作為導向的做法往往會導致員工心生挫折，結果對於工作只是隨便敷衍，只求能夠交差。

互動式的管理模式則是以人為本。員工的問題及需求和工作任務一樣重要。互動式管理模式的經理人和員工建立良善的關係做為最終目標，讓員工自動自發將公司的成敗視為己任，全力以赴朝公司的目標邁進。

◆僵化 vs. 適應能力

技術性管理模式的經理人通常會用同一套方法來應付所有的員工。每個員工都有不同的風格、需求及問題，但是這類經理人對於這種差異並不敏銳。因此即使每一個員工都有各自的需求，但是技術性管理模式的經理人卻往往視而不見，對於員工所傳達出來的訊息也非常的遲鈍。

互動式管理經理人的主要技能之一就是「彈性」。對於行事風格互異的員工各有一套溝通的方法，態度非常有彈性。他們的管理風格會根據不同的員工及不同的環境而做調整。對於部屬在言行中傳達出來的訊息非常敏銳，而且如果必要的話，他們也願意適時調整所採取的方法與目標。

◆阻礙需求 vs. 滿足需求

當你信心滿滿的告訴對方，你了解他所面臨的問題，然後丟給他一套解決辦法，但卻完全不聽對方的回應，這樣的做法只會導致對方對你產生反感，不願意向你傾吐心事，或是抱持防禦的心態。此時雙方的互動變成一種非輸即贏的戰局。這種情況下，員工不會願意坦誠的和主管分享重要資訊，甚至可能會營造出煙幕彈誤導經理人。很顯然的，這種關係實在不具生產力。

在互動式的管理模式之下，經理人擅長蒐集資訊，能夠在坦誠及公開的氣氛之下協助員工，找出個人的需求與所面臨的問題。這種模式讓員工覺得他們和經理人的關係是積極正面的。在這種雙贏的局面之下，經理人和員工雙方得以建立以信任、信心及坦誠為基礎的關係。而且，經理人所提出的解決方案，讓員工能夠充分的表達意見並且更有參與感，願意全心全意的投入計劃。

◆產生恐懼感和緊張的關係 vs. 建立起信賴感並互相了解

前面所討論的六種行為是上司和部屬的兩種互動方式產生的結果。其中一種關係的基礎是恐懼及緊張，另外一種則是信賴及了解。技術性的管理模式當中時時瀰漫著恐懼感及防禦心態，管理階層和員工彼此比心機、玩花招（詳細的內容可以參考第五章）。在這樣的情況之下，管理的真諦不再是解決問題與協助員工，反而淪為控制及說服的過程。主管和部屬的關係會隨著防禦心態及不信任的程度逐漸加深而愈發惡化。

相反的，互動式的管理模式卻能夠孳生信賴、接受以及了解。主管和部屬之間的溝通不但坦誠，而且非常的公開、直接。雙方不但無私的分享資訊，並且順利的解決問題。不論最後是否做出決策，主管和員工都對彼此留下好感，並且對於彼此的互動感到滿意。這是一種雙贏的局面。

互動式管理的原則

互動式管理有四大基本原則，其主要目的在於建立雙方的互信關係。這和技術性的管理模式大不相同，技術性的管理模式通常會造成雙方彼此猜忌，就好像嚴格的家長對付頑皮的小孩一樣。

1. 整個管理程序是架構在主管和員工的信賴關係上，雙方必須秉持公開、坦誠的態度，才能夠形成互信互賴的關係。

2. 部屬之所以服從，並不是因為受到上司的壓迫，而是因為他們覺得自己的意見受到重視，而且經理也了解問題的癥結所在。

3. 人人都希望自己有權做主。如果用高壓、控制或說服的手段，只會引起反感而已，縱然他們自己所做的決定可能到頭來和上司的要求不謀而合，他們也不願意受到上司的操縱和控制。

4. 不要擅自解決部屬的問題，這會引發員工的排斥心理；而且如果經理人硬要幫部屬解決，他們會連經理人一塊排斥。指出問題的癥結所在，不要替他們解決。讓部屬在你的協助之下自行解決問題。

秉持這四大原則，互動式的經理人能夠協助員工在工作崗位上盡情表達自己的心聲。員工能夠積極的參與，而不是消極的接受，能夠更加獨當一面，而不需要仰賴他人，對於自己的工作領域擁有更大的主控權力，覺得受到尊重並且被接納，還能夠發揮其特長。員工在主管的協助之下享有這種種好處時，自然會有成就感，生產力也會隨之提升，員工和上司之間則建立起互信互賴的緊密關係。透過良善的人際關係，有效率的工作團隊也會於焉成形。

提升員工在工作崗位上的效率

一般來說，經理人必須對工作的成果負責，而且必須對部屬的所作所為進行管理，如果要他們驟然放下身段，揚棄以往上對下的心態，並且信賴部屬會自動接下這樣的變化球，鐵定是很困難的事情。事實上部屬很可能無法適應這樣的變化。傳統的觀念讓員工了解到自己的角色是執行上司交代的工作，經理人則是居於領導的地位。這是一個漸進式的過程，儘管剛開始難免會有些風險及錯誤，但我們必須把這些錯誤視為學習的機會，而不是因噎廢食、停滯不前。

當各位和員工溝通這種成長與學習的概念時，請務必記住身教重於言教的道理。除非你百分之百信任員工，並且願意讓他們隨著你的風格、期許改變來進行調整，否則請不要貿然嘗試互動式的管理模式。

以下有五大步驟可以協助各位順利度過這種過渡時期，並且建立起有效的關係，齊心協力為解決問題而努力。表 1–2 所列舉的五大步驟讓各位能夠一步步的實現互動式管理理念。你是否已經發現員工對技術性及互動式管理這兩種模式會產生不同的反應呢?

表 1–2　技術性及互動式管理模式的流程

技術性的管理模式	互動式的管理模式
建立起權力基礎	建立起信賴的關係
你有什麼問題?	界定問題的癥結
這是我幫你規劃……	讓我們一塊設計一套新的行動方案
如果你不這麼做的話……	投入與執行
我會好好的盯著你!	後續觀察

◆信賴的關係

互相尊重與互相了解是攜手解決問題的先決條件。你得先和員工建立起緊密的互信關係後，才能夠從事互動式的管理。真心關心員工的福祉並協助他們滿足個人的需求，這樣的經理人才會受到員工的愛戴。唯有如此，員工才會卸下防備，不會時時擔心是否受到剝削，並且勇於冒險，追求個人的成長及專業領域的發展。

互動式的經理人必須深入了解員工並且具備良好的溝通技巧，如此方能建立起互信互賴的關係。這對許多經理人而言固然是一種機會，但是同時也是一大威脅，因為他們必須更加的公開、圓融。

◆界定問題的癥結

在互動式管理的模式中，經理人和部屬一旦建立起緊密的信賴關係，即可憑藉著這樣的關係，一塊努力解決問題。員工目前所面臨的情勢如何？員工個人及工作的目標是什麼？他們目前為了解決問題或滿足需求做了些什麼？經理人和員工必須協力找出這些答案，而在這種過程當中，雙方必須大量的分享資訊及蒐集資訊的技巧，同時經理人也得清楚每個員工各自不同的行事風格。

互動式管理模式的經理人必須判斷員工對於雙方的關係及工作程序是否滿意，並且督促員工說明個人的目標與目的，將個人和公司的目標整合起來，藉以判斷目前雙方的關係是否達到最有效率的境界，能夠有效滿足雙方的需求。

這樣的分析能夠導出一個關鍵問題：是否有另外一套更有效率的行動方案能夠協助員工達成個人以及公司的目標？

◆開發新的行動方案

互動式管理模式的經理人及員工會合作設計新的行動方案。主管在這裡扮演的角色為適時提出問題，協助部屬解決個人所面臨的困難。主管會仔細的聆聽，並且協助導正解決問題的方向，讓員工能順利完成個人、專業領域以及公司的目標。如果順利的話，新開發出來的行動方案能夠讓雙方互蒙其利。不過各位要謹記在心，互動式管理模式的經理人應該扮演指導者的角色，而不是控制、操縱、或者說服的角色。如果員工有機會自己設計解決方案，他們可能會投入更多的熱情，執行自己所開發出來的方案。

◆投入與執行

在互動式管理模式裡，員工對於工作產生使命感只是早晚的問題。如果員工能夠參與公司制定目標以及規劃行動方案的過程，他們會對計劃的執行更有切身的使命感。經理人的角色在於適時督促員工投入自己規劃出來的計劃中。

◆後續的工作

在第四項的「投入與執行」這個步驟中，主管要求部屬投入新的行動方案。在第五個步驟中，主管則是對部屬負有使命感。和部屬建立起穩固的信賴關係之後，主管必須肩負起維繫這種關係的挑戰及責任，必須不斷的尋求部屬的意見，密切注意情勢的發展與最後的成果，同時也需要防微杜漸，在小問題演變成大麻煩之前就採取行動。到了後續工作這個階段，主管和部屬未來的關係也會就此成形。互動式經理人會為每一個員工開發出一套詳盡的後續工作策略，讓彼此在專業領域及個人生活的長期關係能夠更加緊密。傳統模式的經理人通常是用懷疑的眼光來監督員工的作為，但是在這種互動式模式之下，後續工作的流程要細膩得多，而且也更有建設性。

以上所說的是互動式管理的幾個步驟，我們將會在本書最後幾章詳述。本書前兩個部分則是著眼於特定的個別技巧，協助各位經理人從事互動式管理。第一個部分是「依個人行事風格的差異，有效進行調整」，這個部分將會探討不同的人在學習、互動及決策上的差異。第二個部分是「互動式溝通的技巧」，探討言語和非言語的溝通。讓我們先來看看這兩個重要的章節有哪些內容。

了解人們

◆學習如何學習

當今成功的經理人不是以淵博的學識或特定技能取勝，他們的獨特之處在於高超的適應能力，能夠隨著工作生涯的需求變化而做出調整。我們各自都有獨特的學習方式，這些學習方式也各有長處及短處。各位身為經理人，應該要了解自己部屬的學習風格以及有哪些替代方案可以選擇，好讓個人與團隊能夠用最有效率的方法不斷成長。

◆如何待人

行事風格不同的人光是湊在一塊，彼此之間就可能會產生緊張的氣氛。隨著這種緊張氣氛節節升高，建立互信關係的機率也不斷降低。為了成功和他人建立互信關係，各位得把這樣的緊張氣氛降到最低。這表示你們必須了解各種行事風格，以及如何有效率、有建設性的回應各個不同的風格。互動式管理模式之下，經理人必須做到以下三項事情，才能夠用各個不同的方法有效率的回應每個人不同的行事風格：第一，了解每個員工行為風格的特色；第二，能夠判斷對方的行事風格；第三，行為方面的彈性，根據每個人不同的特性來對待他們。

◆如何決策

每個人觀察與獲取資訊的方式都不相同。而互動式的經理人為了更有效地開發員工的潛力，必須要能夠察覺及適應每個人不同的方式。因此，掌握一套方法以了解自已與他人的決策風格，以及如何透過豐富的資訊交流將其有效運用於設定與執行目標上是非常重要的。

◆溝通風格的分析 (Transactional Analysis)

溝通風格的分析的重點在於檢討經理人和部屬之間的關係。我們將介紹一套簡單、有效的技巧，讓主管能夠更加了解部屬和他人的關係以及其行事風格背後的原因。這樣的探討能夠讓人際溝通的效果更加明顯，讓部屬真心誠意和主管配合並且敬重其管理風格。

互動式溝通的技巧

◆提出問題的藝術

本章將會探討不同類型的問題，包括什麼時候提出問題、如何運用這些問題、和誰共同運用這些問題、如何讓對方「開放心胸」，以及在部屬自行摸索的過程中如何適時提出問題來加以協助。

◆傾聽的力量

「聆聽」的過程包括聽員工說話，在心裡處理這些訊息，並利用這些訊息來建立你和部屬的關係。這個過程還包括用言語、或是非言語的方式，讓部屬知道你正在仔細的聆聽。仔細傾聽他人的心聲其實有許多技巧，而這也是和他人建立互信關係最有效的方法之一。

◆呈現合宜的形象

你在他人眼裡的形象往往關係著他們對你的態度。如果你建立起良好的形象——專業、權威、知識淵博、成功、熱情等等——那麼員工很可能會信賴你，相信你說的話，並且接受你的指示和領導統馭。如果你在部屬面前的形象不太好，那麼員工對你的態度就可能是負面的。本章將會探討不同的方法，協助各位在他人面前建立起恰當的形象。

◆音調的溝通奧秘

和他人在溝通的時候，說話的方式往往比內容更容易影響對方。同樣的話用不同的語氣表達出來，往往可以解讀成完全不同的意思。你不但得清楚自己說話的方式，還得了解員工講話的語調，才能夠從話語中蒐集到更多的訊息及感覺，從而達到有效的溝通。

◆有效利用肢體語言

儘管肢體語言不是最重要的溝通要素，但是許多專家都認為這是非語言溝通中最重要的元素。你可以從對方的身體語言接收到正面或負面的情緒，同樣的，你的身體語言也會透露出你的心事。因此，你對部屬傳達出哪些無聲的訊息，以及部屬的身體語言傳達出什麼感覺，都是掌握互動式溝通的重要指標。

◆空間的安排大有文章

我們對於時間、空間、及事物的利用方式看在別人眼裡可是大有文章。如果我們不注重時間，導致對方浪費時間空等，或是你根本沒有時間和他們溝通，負面的感覺會油然而生。如果你不懂得分際，讓員工覺得你太過侵入他們的私人空間，他們會感到很不自在。這種空間的入侵會阻礙信賴關係的建立，溝通的過程也會因此而窒礙不前，而你可能到最後都還不知道到底問題出在哪裡。

◆確認對方的回應

在溝通的過程中，適時的回饋能夠讓對方知道你確實明白他們所說的事情，而且也能夠讓對方了解，你的確有注意到他們透過非言語方式所傳達出來的訊息。

有建設性的操縱

對於大多數人而言，「操縱」這個字眼含有非常負面的意思，但如果從有建設性的角度來看，這其實是互動式管理中的不可或缺部分。事實上，我們或多或少都會試圖控制他人的態度和行為，同樣的，別人也會想操縱我們。我們從嬰兒時期就試圖操縱他人，一直到死都不會改變。

不論身為經理人、監督人員、或教師，所做的工作其實就是操縱他人。與其否認這個事實，還不如讓我們深入了解這個過程。如果我們用「領導」、「管理」、「激發」，或其他一些比較好聽的字眼來代替「操縱」，或許聽起來會比較容易讓人接受。其實我們應該從結果的好壞來看「操縱」這回事，如果結果充滿了毀滅性，那麼表示「操縱」這種手法會造成對方的反感、憤怒、及防禦的心態。但是從另外一方面來看，如果結果很有建設性，那麼表示這種手法能夠協助他人達成目標，這樣的過程能夠滋生彼此的尊敬和信賴。譬如，威脅這種操縱他人的手段不會有什麼好的結果。不過「鼓勵」同樣也是一種操縱的手法，但是卻能夠奏效，這是因為這種方法能夠協助他人建立起自信心。你做些什麼的本質未必會那麼重要，真正重要的是怎麼做!

教養、指導、諮商、及管理都是一種操縱的角色，只不過這些角色是試圖引導他人去做他們應該做的事情。有建設性的操縱往往能夠協助他人克服自我毀滅的行為模式，這種毀滅性的行為會導致他們的表現缺乏效率或是阻礙他們個人的成長。我們當中有些人擅長於有建設性的操縱手法，但是有些人則不見得。以下有幾個基本的原則值得效法：

1. **典範：** 以身作則可以說是最強而有力的操縱方法。如果你遵守規則，並且為自己的表現設定高標準，那麼你的部屬也會向你看齊。

2. **提供意見的回饋：** 敞開你辦公室的大門，讓員工知道不論他們遭逢什麼問題，都可以來和你商量。傾聽員工的心聲，並且傾注全力提供員工所需的資訊，舉凡競爭、生產力、成本及其他攸關工作的資訊，都盡量提供給對方。最重要的是，當員工有良好的工作表現時，不要吝於稱讚，要適時的讓他們知道你的賞識，譬如簡單稱讚說，「做得很好」，或在佈告欄表揚最佳員工都是很好的方法。

3. **正視問題**：向員工解釋為什麼表現不佳或犯錯可能令公司付出重大的代價。若要避免未來問題的產生，或是成功的解決問題，用體諒的態度來向員工做這些解釋可是非常重要的步驟。

4. **珍惜他人**：員工有時候難免會出差錯，但是各位得記住他們也和你一樣具備同樣的人性需求——也就是需要被別人接受、並且感到自己的付出有受到重視。滿足他們在這方面的需求，適時給予肯定，可以說是建立有生產力關係的基石。

5. **設定高標準**：當人們受到稱讚、鼓舞、或受到別人的肯定時，他們的表現會更上一層樓，如果是羞辱、不耐煩或漠不關心的態度，則會收到反效果。許多研究調查發現，在溝通的過程中，如果我們表示深信對方會有亮麗的表現，那麼結果往往的確如此，但是如果認定對方會做不好，結果也往往會很糟糕。這種自我實現的概念是一種非常強而有力的管理工具。如果公司將員工視為充滿潛力的明日之星，而不是充滿問題的包袱，看員工的長處，而不是挑他們的短處，這樣一來，員工自然會更具生產力，並且能夠充分發揮他們的潛能。

6. **適時的讚許**：這可以說是肯定他人價值最直接的方法。當別人在特定情況下，有突出的表現時，可以適時的給予讚許。譬如：「和你共事是很愉快的經驗」、或「我很欣賞你處理那位顧客不滿的方式」。

你可以從本書得到什麼收穫？

仔細聆聽他人的心聲，不要妄下斷言或是隨便批評，當你贏得對方的信賴時，他們才願意接受你的意見，並且根據這些建議採取行動。有鑑於此，本書的主要目的在於建立起互信互賴的緊密關係，並且以這種有建設性的、具有正面意義的關係，有效率的達到個人、專業領域、以及公司的目標。我們不但得了解自己，還得了解他人，才能夠有效率的進行溝通，並且達成彼此都能夠接受的目標。

本書中有相當多的章節著重在討論如何建立信賴關係。這些部分會告訴各位讀者如何降低彼此之間的緊張關係、以及增長彼此信賴以及敬重的程度。本書會提供一個架構，說明如何了解及判斷各種行事風格，來協助各位用最有效的方法，和不同的員工互動。最後，當你應用這些管理員工的方法及技巧，成功提升自己和公司的生產力時，自然會明白互動式管理的好處。

本書的主旨一言以蔽之，就是：提升我們對於別人的了解、及增進溝通的技巧，我們能夠和員工建立起更有生產力的人際關係，從而成為更有效率的經理人。我們能夠透過更好的人際關係，協助員工變得更有效率，而所服務的企業也會更具有生產力。最後，讓每一方都成為贏家！

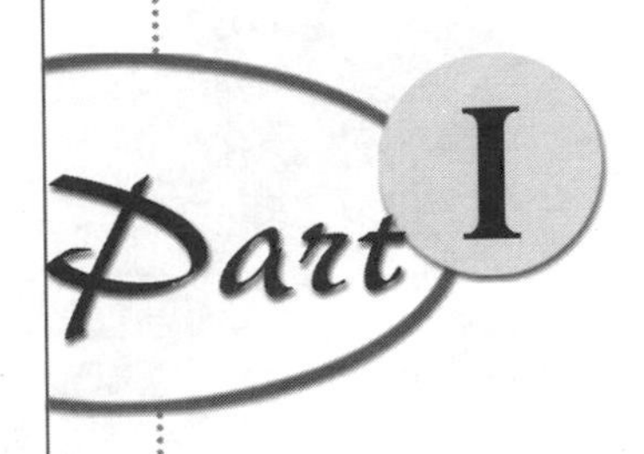

依個人行事風格的差異，有效進行調整

互動式管理強調個人的差異性，根據每個人的行事風格來進行應對，藉以建立起信賴、坦誠及公開的主管／員工關係，從而提升整個公司的生產力。身為主管的各位必須了解造成員工彼此間差異的原因，才能夠根據員工的獨特性來對待他們。有了這樣的了解，你就可以根據員工獨特的個性、各自面臨的問題及個人的需求，將他們視為獨立的個體來進行管理。在組織環境中，這種「量身打造」的員工管理模式也是互動式管理的主要訴求之一。

接下來的幾章當中，我們將會討論學習風格、行為模式、決策方式與互動模式等等，透過這些討論，各位會更加了解應該如何將員工視為獨立的個體，並且根據這樣的認知來管理他們。這樣的風格能讓你在管理上的敏感度大為提升，員工對於各位也會更加的信服，他們在個人生活層面、專業領域、以及組織環境中的生產力也都會大幅攀升。

第二章 學習如何學習

面對瞬息萬變的世界，當今傑出的經理人不再是以其淵博的學識或特定技能取勝，他們的成功之處在於高超的適應能力，能夠隨著工作生涯的需求變化而做出調整。探索新機並從過去的成功、失敗當中吸取寶貴的經驗，唯有如此才能夠在成功的道路上不斷走下去。

本章將會介紹麻省理工學院大衛・柯柏 (David A. Kolb) 所研發出來的學習程序模型，藉以提升經理人和機構的學習能力。這套模型說明學習過程及個人的學習風格如何對經理人與員工的效率造成影響。具備這方面的學習概念，當互動式管理經理人必須教導員工新的理念跟技能時，便能夠遊刃有餘。適當運用這樣的學習概念，不但能夠提升生產力，也能夠使得員工對於工作感到更充實，機構也能夠獲得更大的效益。

學習的模型

我們探討這套學習流程的目的之一，在於了解人們如何根據自己的經驗，為未來的行為建立起理念、原則和規則，以及他們在面對新的環境時，如何調整這些概念以提升自己的效率。這套學習流程具備積極和被動兩種特性，以及具具體和抽象兩種型態。大衛・柯柏在以下的圖2-1當中說明這個循環的四大階段：第一階段是具體的體驗，接著進入第二階段的觀察和省思，第三階段則是抽象概念與歸納 (Generalization) 的形成，第四階段是在未來環境測試所形成的理論，從而產生新的體驗。

如果個人要有效率的學習，那這四大學習領域都需要有些技巧才行：具體的體驗 (Concrete Experience, CE)、抽象概念化 (Abstract Conceptualization, AC)、內省觀察 (Reflective Observation, RO)、主動試驗求證 (Active Experimentation, AE)。主動的學習者必須開放心胸，從新的體驗中學習 (CE)，在這些體驗裡，思考他們所觀察到的事物 (RO)，把他們的結論整合到務實的理論中 (AC)，並且把理論應用到新的環境裡 (AE)。這樣的學習流程是不斷的反覆進行。人們持續在新的體驗裡測試他們的理念，並且在觀察和分析結果之後再進行調整。

至於人們如何調整概念及選擇什麼樣的體驗則是根據個人的目標而有所不同。也就是說，不同的人對不同的體驗感興趣，自然也會採用不同的概念來分析這些體驗，並且會產生不同的結論。人們的學習會隨著個人目標的不同而有所差異，經理人必須確定學習目標清楚無誤並維持一致。否則，部屬所學到的可能偏離了當初的目的，而這個學習流程也就不具效率。

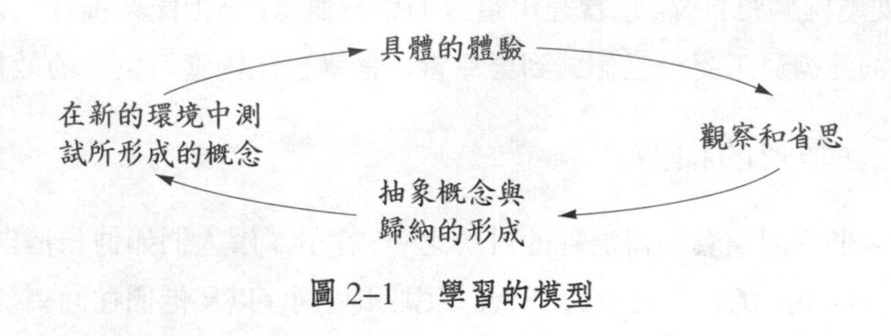

圖 2–1 學習的模型

學習的面向

有時候即使目標非常明確而且一致，還是很難達到有效率的學習境界。這四個階段的學習模型說明學習者必須不斷變換所使用的能力，而這些能力彼此都是南轅北轍。圖 2–2 所說明的兩大主要面向中，把這些能力整合在其中。第一個面向是具體／抽象，第二個面向則是主動／被動。

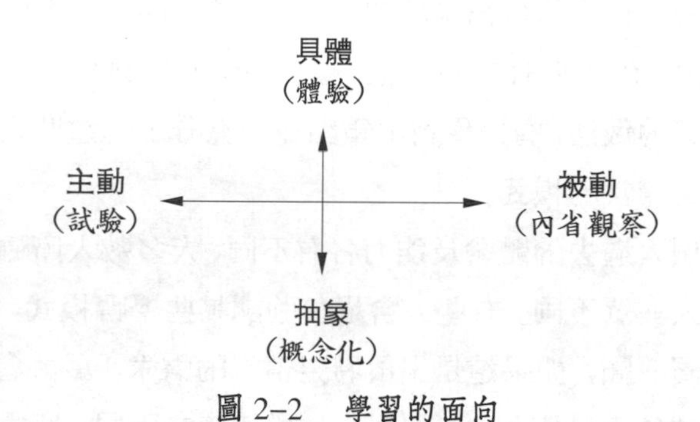

圖 2–2　學習的面向

每個人的生活體驗跟心理構造各有不同，而且每個人當前的處境也不一樣，因此不同的人所適合的學習面向也會有所差異。有些人適合和數字為伍，能根據現有的資訊推論出符合邏輯的理論，但是對於處理眼前的情緒體驗卻畏懼不前。另外有些人喜歡隨興的反應，如果要他們進行省思的工作，可是會讓他們覺得無聊透頂。規劃者可能會把重點放在抽象的概念上，技藝超群的工匠則比較喜歡實際的體驗。經理人主要關切的是如何將概念積極應用，至於強調時間和行動的人則比較常用觀察和省思的技巧。

有鑑於個人的能力與偏好各有不同，所從事的職業及情況各異，人們也各自發展出不同的學習風格。了解這些差異性能夠協助互動式經理人為部屬創造出更適合的學習環境，從而提升員工的生產力，員工對於工作也會感到更加的滿意和充實。

個人的學習風格

這四大學習模式——具體的體驗、內省觀察、抽象概念化、以及主動試驗求證——代表學習循環的四大階段。這些都是學習流程中重要的元素，每個模式的重要性都不相上下。然而，均衡地運用這四大學習模式並不是最好的做法，有效學習的重點在於充分了解這四大模式並在適合的時機運用適當的模式。

由於每個人過去的體驗及能力各有不同，大多數人所偏好的學習模式往往和別人與眾不同。有些人會過於強調某些學習模式，對於別的學習模式則不屑一顧，如果這是出於特定情況的需求，或許會有其效果。不過事實上往往不是如此，我們所處的環境各有不同，所需要的學習模式也有所變化，而且大多數的情況都會隨著時間的流逝而有所變化，這時候人們應該也要跟著調整學習風格。因此，專長於某個學習模式儘管不錯，但是我們必須體認到這四個不同的學習模式都有其重要的地方，並且了解什麼時候應該運用哪種模式，以及如何讓這些模式發揮最大的效能。

此外，我們也必須了解自己擅長哪一種學習風格以及別人偏好哪種風格，這樣的認知說不定能夠讓你有機會截長補短，在組織工作小組或從事工作任務的時候，能夠利用學習長處的優勢來規避不足的地方，目的在於利用這樣的知識來協助有效學習及協調工作小組。

學習的模式

相應於每個學習階段 (CE、RO、AC、AE) 的學習模式分別是感受、觀察、思考、實踐，這些學習模式和學習循環的階段彼此對應，如圖 2–3 所示。

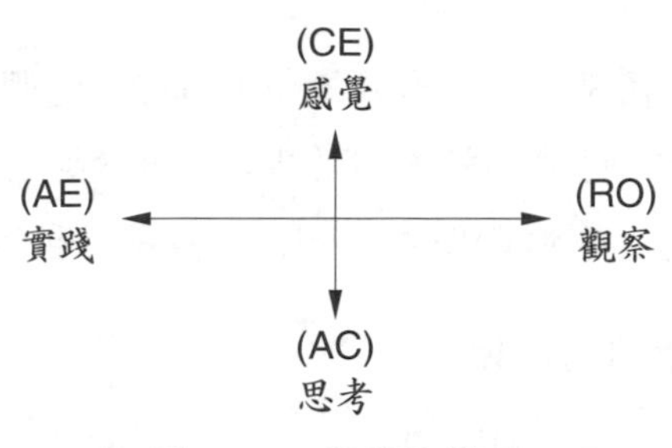

圖 2–3 學習的模式

◆感覺者

能夠從體驗中獲得最佳的學習效果。這類型的人仰賴直覺與感覺，對各個不同的情況做出判斷，他們把每個情況都視為個別的情境。他們需要特定的典範以便觀察，不容易接受抽象的理論、普遍的價值觀、或權威機構所定的程序。他們是「以人為本」，能夠和別人產生共鳴，並且願意接受 CE 同儕的意見和討論。

◆思考者

偏好抽象的概念。他們會根據合理的邏輯來做決定。這類型的人最適合非個人化的學習環境，接受強調理論和抽象分析的權威主管指揮。他們會以思考和想法來作為依據，而不是以人為本或跟著感覺走。這類人會覺得側重感受的人缺乏組織、優柔寡斷，至於側重感受的人則覺得這些側重思考的人太過冷酷、疏離。

◆實踐者

能夠從實際的試驗中獲得最佳的學習效果，並且會根據試驗的結果為未來的行動做出決定。他們是屬於外向的人，實際的行動能夠讓他們感到精力充沛，而且積極參與專案的進行或熱中投入小組討論能夠獲得最佳的學習效果。他們不會被動的接受指示或聽人說教。

◆觀察者

偏好思考性、暫時性、不涉入的學習風格。他們會仔細進行觀察和分析之後再下決定。他們屬於內省的人，偏好教導或影片之類的學習情境，他們能夠從這種學習環境中客觀、中立與被動的學習。

學習風格的類型

各位看過這些學習風格的特性之後，可能發現自己所屬的學習模式不只一種。誠如我們所料，這是因為每個人在實際生活中的學習風格可以說是這四大基本學習模式的綜合體。判斷出個人的學習模式組合（或學習風格種類），我們可以把自己對對方的看法區分為兩種基本的學習面向：具體／抽象以及主動／被動。每個面向的特性可以和先前敘述過的學習模式及學習模型配合在一塊，如圖 2-4 所示。

◆判斷學習風格的種類

我們可以觀察個人比較偏向具體還是抽象、主動還是被動，從而對其學習風格做個大略的評估。如果這個人比較外向，總是積極參與，不是沉默、低調的人，那麼我們可以在「主動」這個橫軸接近末端的地方打個×。打×的位置和中心點或軸線末端的距離要看此人和別人的比較而定，然後用同樣的方法評估這個人比較「具體」、還是比較「抽象」。這兩個評估的結果將會說明這個人在四種學習風格中屬於哪一種。具體而且主動的人稱作「適應型」(Accommodator)，具體而被動的人叫做「疏離型」(Diverger)，抽象而被動的人叫做「吸收型」(Assimilator)，最後，抽象而主動的人叫做「聚合型」(Converger)。

如果某人具體的程度只比抽象的程度高一點，主動的程度也只比被動的程度高一些，那麼他／她就屬於「適應型」，不過在具體跟主動這個面向的評等便會非常低。如果我們把「適應型」這個面向上打×的記

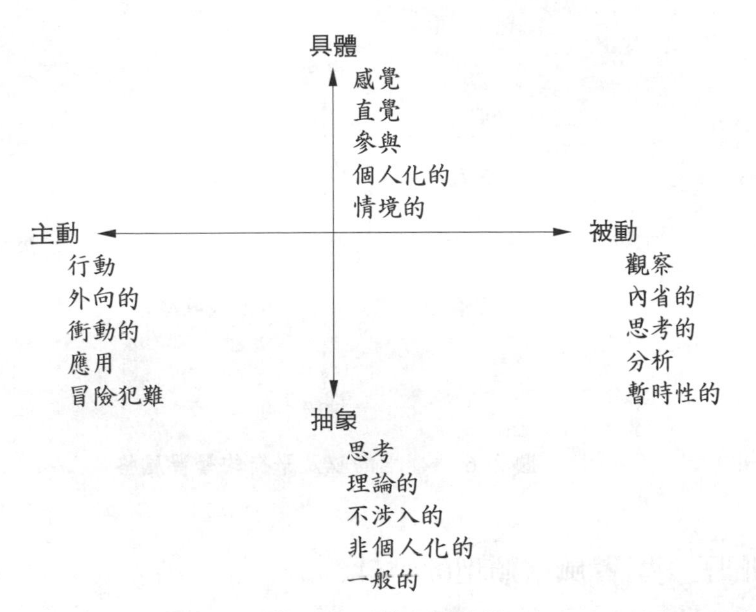

圖 2–4　學習模式層面的特性

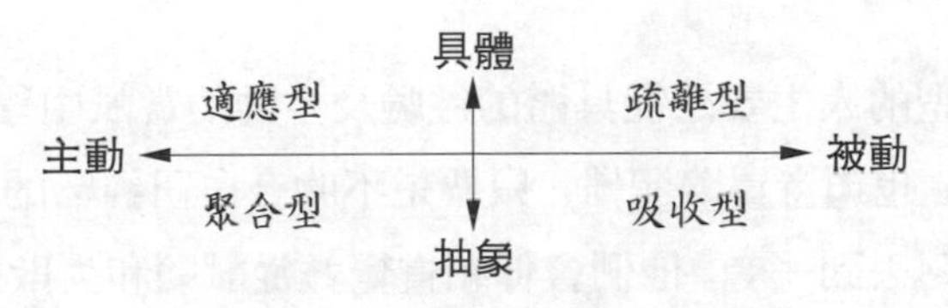

圖 2–5　學習風格的類型

號用虛線連結起來，而這個線非常接近主要軸線中心點的話，這個人的學習風格就屬於比較平衡的類型。這和極端的人正好相反，極端的人具體的成分遠遠凌駕抽象的成分之上，而且主動的程度遠遠超過被動的程度，這種人可能會極度仰賴具體主動的「適應型」學習風格。這樣的比較也適用於另外三種不同的學習風格，圖 2–6 說明學習風格極端和平衡這兩者的差異。

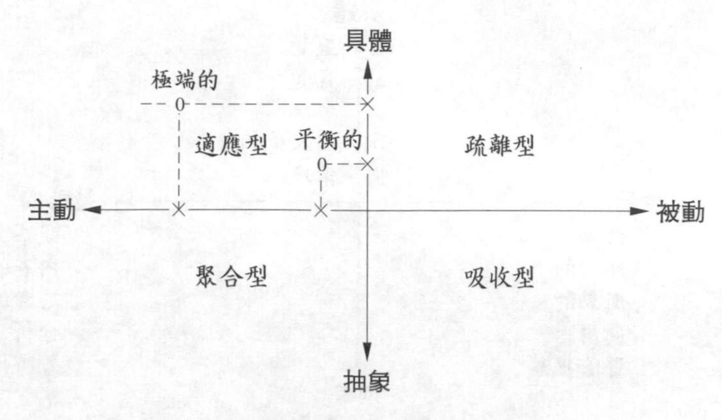

圖 2–6　極端的以及平衡的學習風格

學習風格類型的特性

根據實際觀察跟經驗法則，這四種學習風格的特性分別如下：

◆適應型

這種類型的人主要是從具體的經驗及主動的嘗試中學習，他們崇尚實踐與感受，也願意冒險犯難，只要是不吻合自己經驗的計劃或理論，他們都會立刻丟到一旁。他們會仰賴直覺並從試驗和失敗的經驗中尋找解決問題的方法，偏好別人給的意見，不喜歡自己花腦筋去分析。雖然能夠和別人和睦相處，但是這類型的人往往給人沒有耐心、愛出風頭的印象。他們之所以稱作「適應型」，正是因為他們能夠針對特定環境迅速自我調適。他們通常具有專業領域的教育背景（譬如企管），所擔任的職務則多為經理人或行銷人員這類以行動為導向的工作。

◆吸收型

這類人所具備的學習長處和「適應型」的人正好相反，「吸收型」的人最擅長抽象的概念及內省觀察。他們崇尚觀察與思考，擅長創造理論模型和推論，能夠把各個獨立的觀察心得整合成合理的解釋，並且側重抽象的概念，而不是別人的感覺或意見。如果某個邏輯與理論並不吻合實際的經驗，「適應型」的人可能會立刻把這套理論丟到一旁，「吸收型」的人則會重新檢驗事實或乾脆置之不理。「吸收型」的人通常是基礎科學或數學之類的教育背景，所從事的工作則大多在研究及規劃等領域。

◆聚合型

這類人最適合透過抽象的概念及主動試驗的過程學習。他們是思考者，同時也是實踐者。他們擅長於實際運用理念，特別是將某個正確的解決方案套用在特定的問題上。這類型的人通常比較不會情緒化，而且偏好以事物為主，而非以人為主的工作領域。「聚合型」的人通常屬於較具技術領域的教育背景，工程師是這類人士最典型的工作。

◆疏離型

這類人的學習長處和「聚合型」的人正好相反，他們最適合具體的體驗及內省觀察。「疏離型」的人具有非常強的想像力，既能夠觀察、也能夠感受。他們能夠從許多不同的角度來看事情，並且產生許多不同層面的看法。這類型的人喜歡與人為伍，而且容易情緒化，不過比起「適應型」的人，他們的情緒控制跟體諒的態度都要強得多。這類型的人通常接受過廣泛的、文化性的教育，屬於人文或社會研究之類的教育背景，所從事的工作通常為顧問、人事，或組織開發等等。圖 2–7 說明了這四種不同學習風格種類的特色。

學習情境中任何兩個人的相容程度，要看他們主要學習風格的異同而定。如果小組中的成員都是屬於同一種學習風格，那麼他們在一塊自然能夠發揮最大的學習效果；如果小組成員的風格各異，不過至少有一個相同的學習面向，那麼學習效果也不錯；如果學習小組成員的風格南

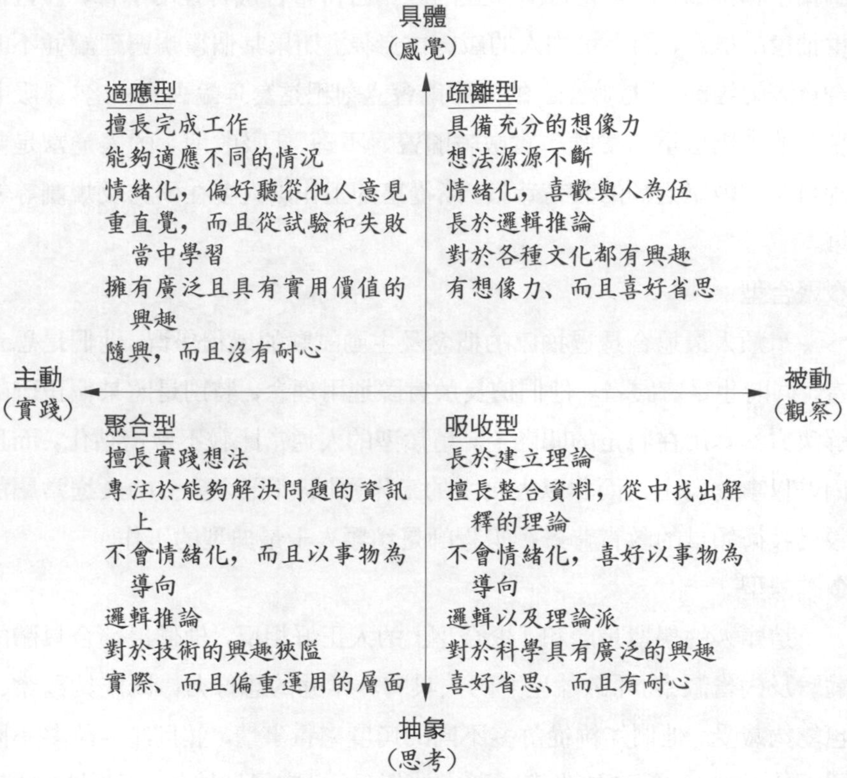

具體
（感覺）

適應型	疏離型
擅長完成工作	具備充分的想像力
能夠適應不同的情況	想法源源不斷
情緒化，偏好聽從他人意見	情緒化，喜歡與人為伍
重直覺，而且從試驗和失敗當中學習	長於邏輯推論
擁有廣泛且具有實用價值的興趣	對於各種文化都有興趣
隨興，而且沒有耐心	有想像力、而且喜好省思

主動（實踐） ←→ 被動（觀察）

聚合型	吸收型
擅長實踐想法	長於建立理論
專注於能夠解決問題的資訊上	擅長整合資料，從中找出解釋的理論
不會情緒化，而且以事物為導向	不會情緒化，喜好以事物為導向
邏輯推論	邏輯以及理論派
對於技術的興趣狹隘	對於科學具有廣泛的興趣
實際、而且偏重運用的層面	喜好省思、而且有耐心

抽象
（思考）

圖 2–7　學習風格種類的特色

轅北轍，這種缺乏交集的學習小組很可能會極度缺乏學習效率，而且可能會爆發衝突。學習小組成員風格的相容性可以從圖 2–8 中加以了解。

學習風格與解決問題的方案

儘管風格互異的人湊在一塊可能會產生緊張的氣氛，而且可能難以溝通，但是這四種風格分別具有不同的長處，這些都是成功解決問題所

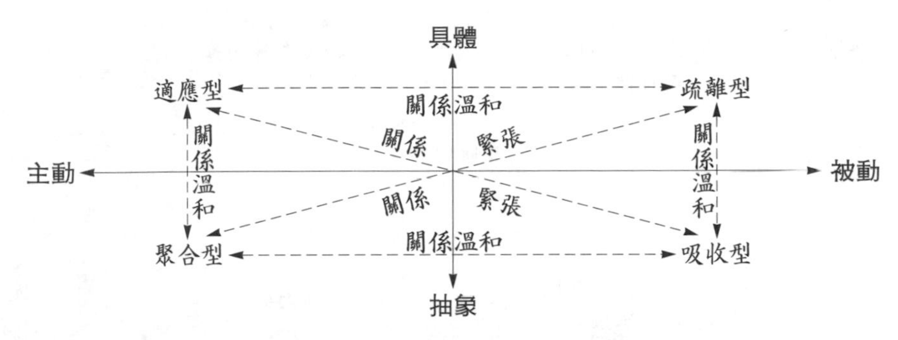

圖 2–8　學習風格的相對相容性

不可或缺的元素。每個學習風格都具備一些特色，是解決不同階段的問題所不可或缺的。圖 2–9 在學習循環裡加上解決問題的流程，藉以說明哪些學習面向和哪些解決問題的活動互相對應。

誠如我們在圖 2–9 所見，解決問題流程裡的各個階段和學習風格的種類可以相互呼應。

適應型的人適合依循某些目標或事物一貫的模式來找出問題癥結，這類人士也擅長執行特定的解決方案。至於疏離型的人則擅長將現實狀況和目標或理想的模式進行比較，然後找出現實和目標之間的差異或是存在哪些問題。吸收型的人擅長判斷問題的優先順序，找出問題，並且提出解決的模式。最後，聚合型的人擅長評估解決方案的成效，然後從中選出最適合的方案，至於執行則是適應型的人最擅長的。

每個人都各有不同的學習風格，我們可以利用每個人的長處，讓解決問題的過程更加順暢。一旦面臨複雜的問題，互動式經理人就可以利用以下的建議，分派工作給學習風格互異的人。

適應型的人適合的工作：

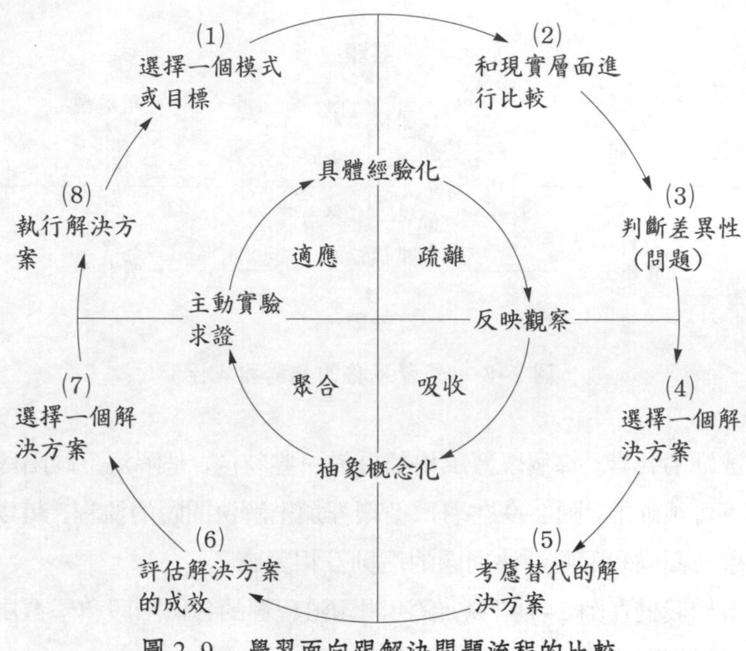

圖 2–9　學習面向跟解決問題流程的比較

- 對於目標的維繫
- 展開解決問題的流程
- 與相關的人交涉
- 探索機會
- 執行計劃並多方試驗
- 完成工作

疏離型的人適合的工作:

- 蒐集資料
- 感應價值觀及感受
- 找出問題和機會

- 創造性的思考
- 激發想法與替代的解決方案

吸收型的人適合的工作:

- 界定問題
- 量化分析
- 運用理論並形成模型
- 規劃執行
- 建立評估的標準

聚合型的人適合的工作:

- 設定優先順序
- 設計試驗
- 衡量及評估
- 解讀資料
- 做出決定

管理學習過程的指導原則

了解學習模式跟個人在學習風格上的差異，能夠讓經理人與部屬的學習獲得很大的助力，同時這也能夠改善解決問題的流程，並提升個人的生產力。接下來有幾點建議，希望能夠協助各位更有效的管理學習流程，從而提升生產力與成就感。

第一，根據特定的需求，指派學習風格適合的人選去處理。研究調查顯示，如果有機會的話，人們會選擇和自己的學習風格契合的職業。

此外，人們一旦進入某個情境，他們會自我調整，以適應現有的學習環境。但如果個人的學習風格和工作的學習環境無法契合，員工會容易產生辭職的念頭，傾向離開所屬的工作崗位，而不是改變自己的學習風格。

第二，從經驗中學習的重要性應該加以強調，這是所有公司成員都應該重視的目標。經理人應該特地撥出時間（譬如舉行會議及重要的決策活動）檢討與學習經驗。

第三，學習流程中每個學習風格的長處和需求都應該受到重視，不同的觀點、行動與省思、實際的參與，以及分析的客觀性，都是有效學習與解決問題不可或缺的重要因素。我們不但要容忍觀點的差異性，甚至應該鼓勵人們提出不同的觀點。

第四，有彈性的經理人應該能夠輕易判斷出員工的學習風格，並且適應各種不同的風格。這樣的經理人應該肩負起整合、協調的責任，讓學習風格及需求各異的員工和部門能夠各得所需。這其中包括了解決風格各異所造成的衝突以及控制衝突所造成的緊張氣氛，讓公司能夠維持平衡的學習風格。如果公司希望能維持解決問題方面的效率，並適應不同的組織需求和掌握機會，那麼這是不可或缺的重要元素，這對於互動式管理而言是很重要的。

學習風格的差異只是了解及管理員工的一個層面而已。員工不同的地方還包括了他們的社交行為，決策模式，和主要的人際關係模式。我們會在接下來的幾章中探討這些層面。有了這些資訊以及管理的技巧作後盾，經理人和員工的互動能夠更有彈性，影響所及，員工對於經理人會更加信賴，生產力也會隨之攀升。

第三章
如何待人

「用你希望得到的方式對待他人」這句話乍看之下頗有道理，而且很合乎人性，是值得我們效法的金玉良言。話雖不錯，不過如果你打破這條道理，說不定比較能打動人心。

如果照字面來解釋這句話，你會發現這是假設別人和你一樣希望受到相同的對待。這樣的假設未必是對的。根據行為風格的概念，事實通常不是這麼一回事。而且，如果你真的秉持這條金科玉律行事，那麼和他人有效互動的機率很可能會大幅降低。

觀察行為風格的人士建議我們打破這條「金科玉律」，另外採用一條「白金法則」，也就是「投其所好，用他人希望的方式對待他們」。這條新白金法則的信念是，別人所希望受到的待遇不一定會和你的一樣。簡單的來說，這條法則突顯出個人的差異和不同的偏好。這種觀察人類互動的「嶄新」方法其實起始於一九二四年，瑞士心理學家榮格 (Carl Jung) 在研究心理型態的時候提出這樣的理念。這四種不同的種類如下：

1. **思考者 (Thinker)**：井井有條、有結構、正確、以研究為主導。
2. **感應者 (Sensor)**：以目標為導向、積極、關切成果。
3. **直覺者 (Intuitor)**：富有想像力、急躁的、鼓舞的。
4. **感覺者 (Feeler)**：情緒性的、隨興的、內省的。

人類行為並非完全不能預測的，認知到這點，我們便能夠接受這些行為風格的概念。事實上，如果相同的活動或是情境不斷重複，人們就會依據自己所處的環境發展出習慣性的處理方法。當年紀還小的時候，我們會作各種嘗試以滿足自己的需求，如果某些嘗試剛好發揮作用的話，這些做法日後就會成為習慣性的行為。正是由於這種習慣性，人類的行為多多少少都可以預測得出來。

人們在社會環境中所表現出來的行為都是可以觀察的，我們可以從這些觀察當中界定出他們的社會或是行為的風格。這些行為風格可以根據兩種主要的特色來劃分：主見 (Assertiveness) 與回應 (Responsiveness)。我們可以從他人的言談、行為中，觀察到這兩大特色。

在行為風格的模型當中，所謂「主見」是指個人試圖對他人及環境行使控制的程度。人們憑藉著這股力量對他人表達自己的想法、感覺以及情緒。「主見」的行為分為高程度及低程度兩種。表 3–1 針對不同程度的「主見」行為風格加以說明。

另外一種主要的行為風格叫做「回應」式，這是個人準備表達情緒及發展關係的程度。「回應」的行為可以分成高度的回應和低度的回應。表 3–2 針對不同程度的「回應」行為風格加以說明。

圖 3–1 的橫軸呈現「主見」的程度；圖 3–2 的縱軸則是說明「回應」的程度。各位可以根據個人「主見」及「回應」的程度在這兩條軸線上標註記號，每個人「主見」及「回應」的程度都不盡相同，有些人可能這兩項都很高，或都很低，或某一項很高，但是另外一項則很低，也有的人這兩項都很接近中心點。

把這兩條軸線結合起來，如圖 3–3 所示，可把空間劃分為四個部分，也就是把行為風格劃分為四種不同的模式。這四種模式分別叫做：「親切型」(Amiable)、「表達型」(Expressive)、「分析型」(Analytical)、及「主導型」(Driving)。這些風格和榮格所說的「感覺者」、「直覺者」、「思考

表 3–1 主見的敘述

低程度的主見	高程度的主見
安靜	多言
意見親切	意見強烈
規避風險	勇於冒險
深思熟慮才做決定	迅速做決定
親切的第一印象	強而有力的第一印象
害羞	主動
內斂	自信
支持	勇於對抗
隨遇而安	沒有耐心
行動緩慢	行動迅速
聆聽	談話

表 3–2 回應的敘述

低程度的回應	高程度的回應
冷漠	親切
正式而且適當	輕鬆而且親切
以事實為依據	以意見為依據
充滿防禦心態	心胸開闊
壓抑的	表情豐富的
一板一眼	有彈性的
以工作為導向	以關係為導向
隱藏個人的感覺	把個人的感覺和別人分享
以思考為導向	以感覺為導向

者」及「感應者」類似。個人的行為風格固然不能和人格或個性完全畫上等號，但卻是很有用的觀察指標，從這個指標可以看出如果可以選擇，個人在社會環境和工作環境中會如何和他人互動。這四種行為風格能夠協助各位更加了解人們行為背後的原因，讓你和對方的互動更緊密，進而建立有生產力的關係。

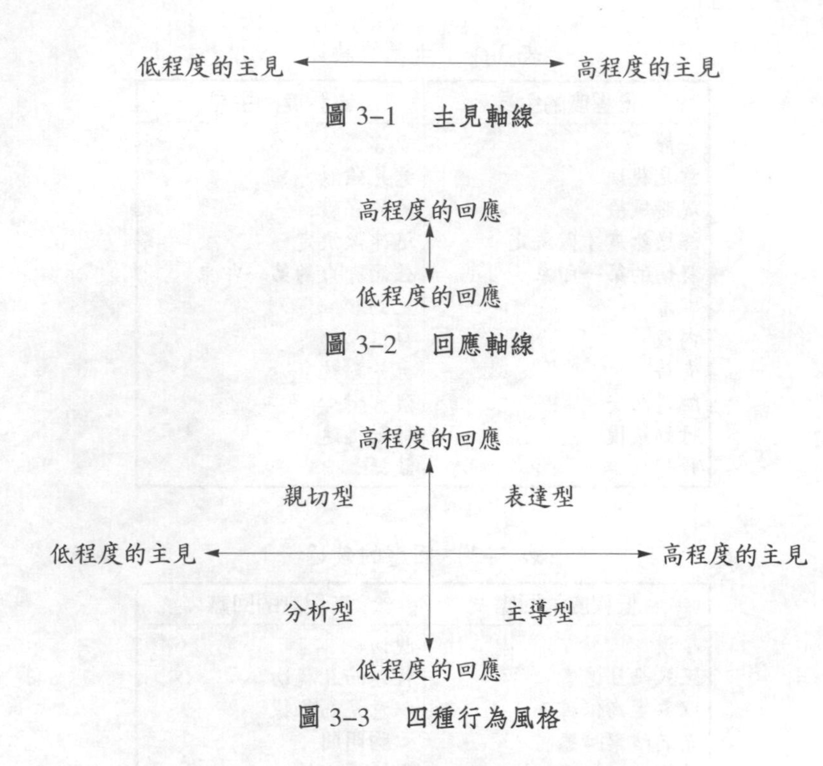

圖 3–1　主見軸線

圖 3–2　回應軸線

圖 3–3　四種行為風格

這四種行為風格各自代表不同的人際互動行為。圖 3–4 說明每一種行為風格的主要特性。由於各有不同程度的「主見」和「回應」，因此產生這四種獨特的行為風格。

看過圖 3–4 之後，各位可能會以為這些行為風格有優劣之分。其實不然，因為並沒有所謂「最好的」行為風格。圖 3–5 是一些常見的形容與敘述，說明每種行為風格的長處和短處。每一種行為風格都有成功的例子，但也有失敗的例子。接受自己的行事風格，而且記住，如果別人認同你、能夠接受你的行為風格，他們可能會用正面的字眼來形容你。反之，如果你的行為使你和他人的關係陷入緊張，那麼你可能就會得到負面的評價。

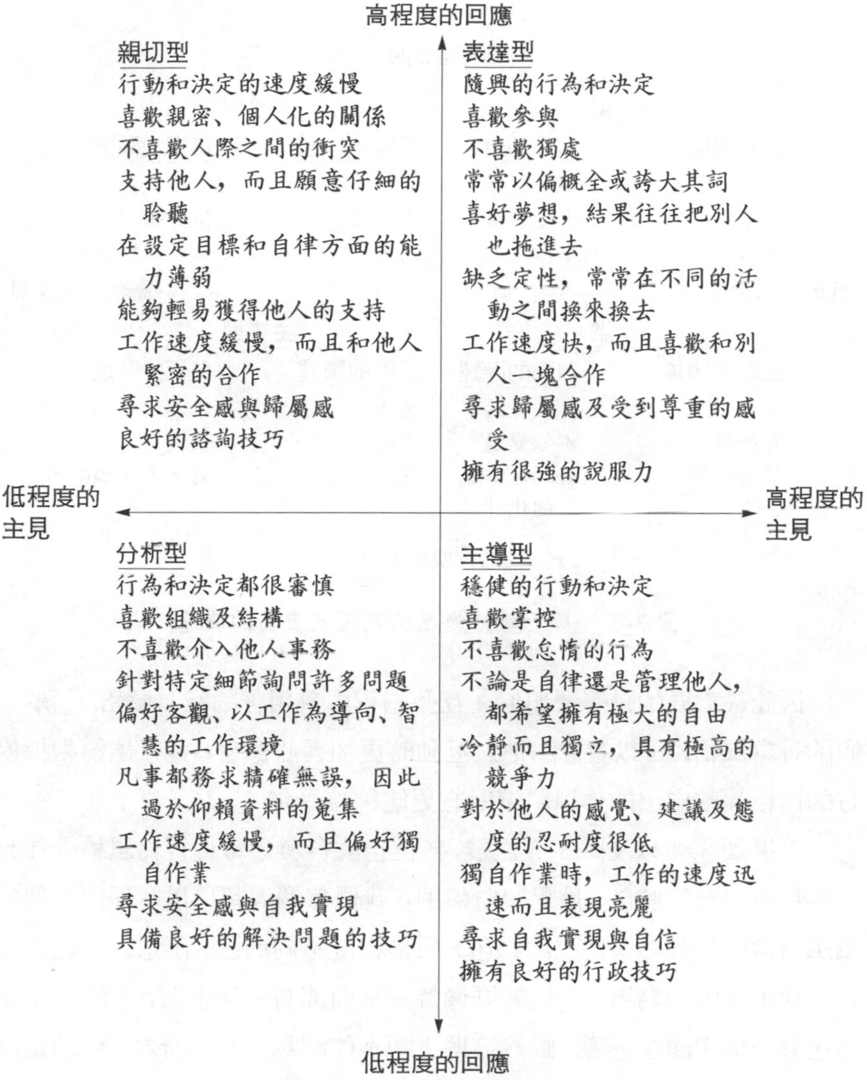

高程度的回應

親切型

行動和決定的速度緩慢
喜歡親密、個人化的關係
不喜歡人際之間的衝突
支持他人，而且願意仔細的聆聽
在設定目標和自律方面的能力薄弱
能夠輕易獲得他人的支持
工作速度緩慢，而且和他人緊密的合作
尋求安全感與歸屬感
良好的諮詢技巧

表達型

隨興的行為和決定
喜歡參與
不喜歡獨處
常常以偏概全或誇大其詞
喜好夢想，結果往往把別人也拖進去
缺乏定性，常常在不同的活動之間換來換去
工作速度快，而且喜歡和別人一塊合作
尋求歸屬感及受到尊重的感受
擁有很強的說服力

低程度的主見　　　　高程度的主見

分析型

行為和決定都很審慎
喜歡組織及結構
不喜歡介入他人事務
針對特定細節詢問許多問題
偏好客觀、以工作為導向、智慧的工作環境
凡事都務求精確無誤，因此過於仰賴資料的蒐集
工作速度緩慢，而且偏好獨自作業
尋求安全感與自我實現
具備良好的解決問題的技巧

主導型

穩健的行動和決定
喜歡掌控
不喜歡怠惰的行為
不論是自律還是管理他人，都希望擁有極大的自由
冷靜而且獨立，具有極高的競爭力
對於他人的感覺、建議及態度的忍耐度很低
獨自作業時，工作的速度迅速而且表現亮麗
尋求自我實現與自信
擁有良好的行政技巧

低程度的回應

圖 3–4　每一種行為風格的主要特性

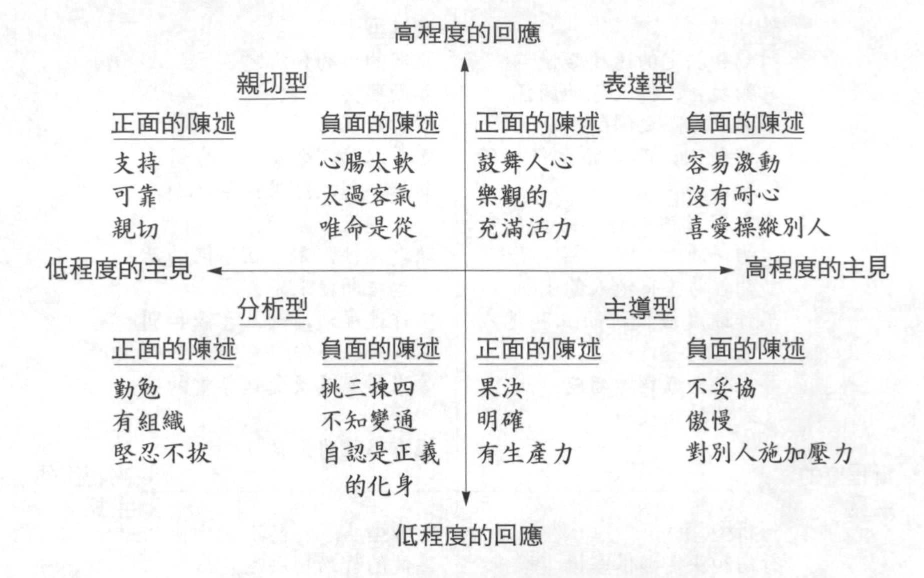

圖 3–5　每一種行為風格正面及負面的陳述

因此最重要的是學習如何在互動過程中善用你的行為風格。了解人們的行為風格，可以讓你和他人互動時更加得心應手，並且能夠根據對方的風格調整自己的作風，讓對方更能夠接受你。

看過圖 3–4 以及圖 3–5 之後，各位也許會發現每種行為風格中都有一些符合自己的特色。這是很自然的，我們每個人都可以在任何一個行為風格當中找到一些自己的特色，只是程度不同而已。不過大多數人都有一種主要的行為風格。這就好像每支樂曲都有一個主題，人的一生彷彿也有一個主題在主導。雖然這個主題不能解釋所有的行為，但卻是反覆出現、可以預測的元素。就好像樂曲的各種變化都是圍繞著主題，我們的行為也是同樣的道理。這種行為主題也就是貫穿人生的主要行事風格。

行為風格與人際關係的問題

了解行為風格的特性固然重要，不過了解不同風格的人應該如何應對更是必要。兩個行事風格不同的人互動時，所作所為通常是以自己的行事風格為依據。因為風格上的差異，做事的步調及優先順序也都有所不同，因此不同風格的人湊在一塊，很可能會使得關係陷入緊繃。這樣的緊張關係先是造成彼此互不信任，最終會導致生產力低落的後果。「表達型」的人事部門經理（通常都是態度親切，見人總是熱絡的握手寒暄，直呼對方名字，並且噓寒問暖）對於生產部門的經理往往看不順眼，認為對方心胸太過狹隘，這就是典型的例子。生產部門的經理顯然是屬於「分析型」，他們通常都很沉默，有些疏離，老是擺一張撲克臉，而且凡事以事實為依據。這兩種截然不同的人物湊在一塊會有什麼樣的後果大家都可以想像得出來。人事部門經理忙著和大家建立和睦的關係，關心大家的意見及感受，生產部門經理卻急著把公司交代下來的任務完成，對部屬施加壓力，凡事務求盡善盡美。當人事部門經理和生產部門經理互動的時候，人事部門經理認為生產部門經理挑三揀四，而且態度冷漠，對於他們的付出毫不關心。生產部門經理則認為人事部門經理立場模糊不清，而且對別人的關心過了頭，已經超出公事的範疇。這兩者的關係緊繃，彼此看不順眼都有很充分的理由，而且和產品沒有任何關係。

每一種行為風格所看重的事情都不一樣，對事情輕重緩急以及工作步調的看法也都不盡相同。對於某些人而言昨天就應該完成的工作，也許看在別人眼裡，不論什麼時候完成都可以接受。當兩個人對於事情的輕重緩急以及工作的步調看法都不一樣時，很容易就會陷入緊張的關係。各位可以從圖 3–6 看到，主導型／表達型以及親切型／分析型的人在互動的時候，會因為對於事情的輕重緩急看法不同而爆發衝突。主導型及分析型的人要看事實，且急於完成工作，達成目標，但是表達型及親切型的人卻希望建立起個人化的關係。主導型及分析型的人要是可以自己選擇，會一頭鑽入工作，對於個人化的關係不會多加理會。但是表達型及親切型的人卻會等到個人化的關係令人滿意時，才會開始工作。當表達型及親切型的人還在努力了解對方時，分析型及主導型的人早就一頭栽到工作裡了。

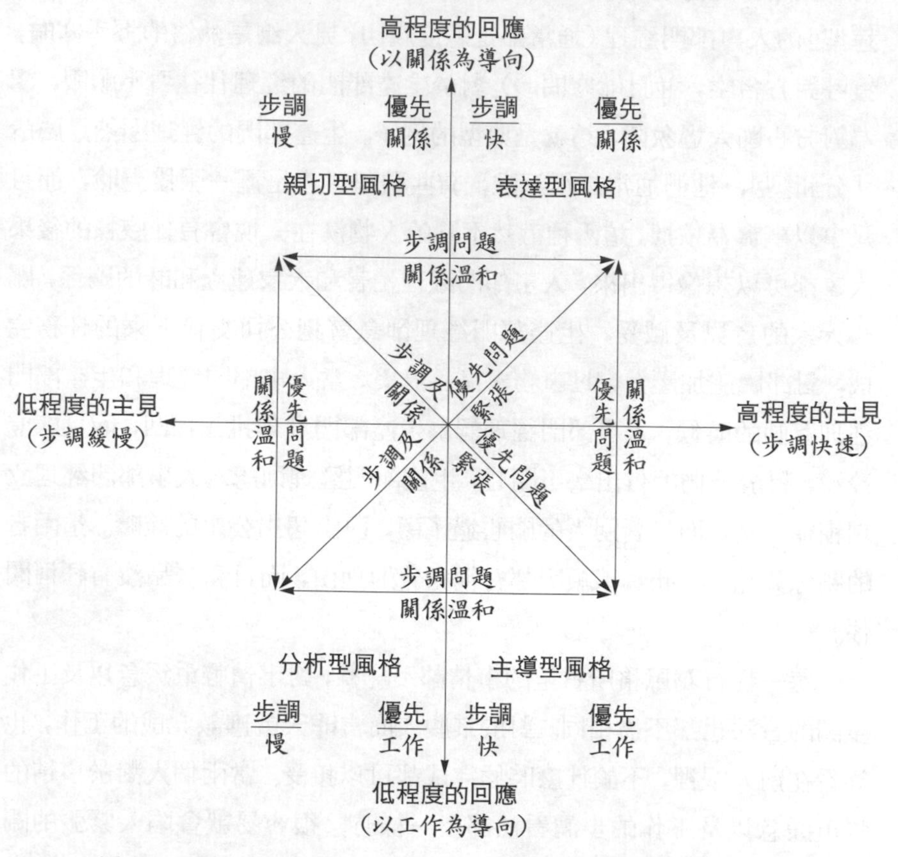

圖 3–6　行為風格的惡性關係（步調以及優先順序的問題）

讓我們看看主導型的人在和別人互動時會發生哪些問題。當主導型的人碰上親切型的人，會有兩個主要的問題產生。由於主導型的人動作快，親切型的人行動慢，因此這兩種人會產生步調上的問題。另外主導型的人認為工作最重要，會把個人的關係擺到一邊，但是親切型的人卻認為建立關係的重要性高於工作本身，因此對輕重緩急的問題也會產生歧見。這兩種類型的人很有可能會陷入緊繃的關係。

當主導型的人和表達型的人互動時，雙方有個相似之處，即兩者的動作都很快；不過這兩者對事情輕重緩急的看法卻會發生分歧。表達型的人比較重視個人關係，而不是工作本身，但是主導型的人對個人關係卻不怎麼在乎。因此這兩種型態的人碰在一塊的時候，也可能會產生一些緊張的氣氛。

主導型及分析型的人也有相似之處，那就是對於事情輕重緩急的看法一致。他們都把手邊工作的重要性擺在個人關係之上。不過，主導型的人步調快、勇於冒險，而且很快就可以做出決定。分析型的人就一定要詳盡分析所有可能的方案，避免任何失誤的發生，然後才做出決定，否則就會忐忑不安。這種步調不協調的問題會導致主導型／分析型關係出現一些緊張的成分。類似的問題也會發生在另外兩種類型上。

雖然這看起來好像是說行事風格不同的人完全不可能互動，但事實上未必如此。只要降低彼此關係中緊繃的程度，提升彼此的信賴，從而產生有生產力的關係，風格互異的人還是可以有效率的互動。當其中一方或是雙方願意滿足對方的需求而有所妥協，也就是表現「行為彈性」(Behavioral Flexibility) 時，雙方自然能夠產生有效率的互動關係。而這種解決的方法也是以「投其所好，以別人希望的方式來對待他們」這個道理作為基石。

如果關係已經陷入緊繃，雙方或是其中一方就必須調整自己的行為風格，避免緊繃的關係更加惡化下去。理想的情況下，雙方多多少少都應該有些讓步。譬如，在主導型／表達型的互動裡，主導型的人應該對人表達一些關切，而不是單單把人視為一種生產資源。另一方面，表達型的人也應該更加努力完成工作，即使個人關係的發展必須暫緩也在所不惜。在經理和員工的互動中，可能得由經理人主動讓步，暫時調整自己的行為風格。

不具生產力的行為

如果不自我調整，配合對方的行為風格，這會產生什麼後果？各位可以想想看人事部門和生產部門經理的例子，這兩者由於行為風格南轅北轍，結果關係陷入緊繃，而且彼此互相不信任。表達型的人事部門經理認為生產部門經理很多問題是衝著他來的，是為了保住自己的面子而故意找麻煩，為了反擊，他會講得更多，衝得更快，結果使雙方的關係更加緊繃。最後，表達型的人事部門經理甚至會對分析型的生產部門經理做出人身攻擊，生產部門經理則拒絕再和人事部門經理有任何的接觸，不願意一起開會，甚至於連電話也不願意接。

每一個人都有個臨界點，超過這個極限，便會產生緊繃的情緒，最後演變成壓力。有壓力的人都竭盡所能想擺脫壓力，不幸的是，這對生產力常造成很大的傷害。人們往往會用言語刺激或是心理折磨的方式，把壓力丟給別人。每一種行為風格的人都會用不具生產力的行為把壓力丟給別人，而他們也各有各的方法。表達型的人會攻擊他人，主導型的人會試圖控制別人，分析型的人會退縮，親切型的人則是陽奉陰違。

表達型的人（就好像先前所說的人事部門經理）會用言語攻擊讓他產生壓力的人。一旦表達型的人做出不具生產力的行為，雙方的關係會愈加緊張，最後大多數人都會陷入壓力之中。就這點來看，雙方關係很可能會受到嚴重的傷害。

主導型的人面臨壓力時，往往會變得更加咄咄逼人，非但不願意妥協，而且會對人頤指氣使。這類型的人如果氣到跳腳，會更渴望掌控，而且只會考慮到自己，結果別人只看到他們最糟糕的一面。當主導型的人表現出這種不具生產力的行為，他們會試圖掌控任何造成阻力的人事物。這種行為會令別人也陷入嚴重的緊張情緒，產生同樣不具生產力的行為。

親切型的人在面臨壓力的時候也會訴諸不具生產力的行為，也就是讓步或服從，這麼做主要是為了避免衝突。儘管親切型的人似乎很努力在遷就對方，但其實並非如此。這種唯唯諾諾的態度反而會加深彼此厭惡的感覺，結果雙方可能會彼此猜忌，使互動關係也陷入緊繃的狀態。

就如先前所說的生產部門經理一樣，分析型的人也會訴諸退縮這種不具生產力的行為，試圖脫離對方或是環境。分析型的人在本質上比較沒那麼有主見，一旦面臨不愉快的關係，他們不會考慮直接面對，而是試圖逃離這樣的狀況。因此，分析型的人通常會竭盡所能的蒐集充足的資料，並且不斷的思考，以避免陷入這種不愉快的關係或情況中。

人們會為了紓解壓力而訴諸不具生產力的方法。技術性的管理模式往往會造成主管／部屬關係緊繃以及彼此猜忌的後果。由於部屬所承受的壓力愈來愈大，最後他們可能會以不具生產力的行為反映出來。同樣的，不論主管的行為風格如何，如果他們一心只是想要紓解自己的壓力，完全不理會部屬是何種行為風格，那麼雙方關係緊繃的程度會不斷攀升，而且部屬很可能會訴諸不具生產力的行為。不管如何，主管和部屬的關係都會受到很大的傷害，而且無論部屬的需求或環境的需求是什麼，雙方都不可能合作順利。

各位如果不希望部屬、同儕、及上司出現這種不具生產力的行為，那麼就得配合對方行為風格上的需求。特別是，你得依對方希望的方式來對待他們，而不是用你一廂情願的方式。這意味著你的行為必須要有彈性，能夠根據這四種不同的風格適時調整。譬如，如果對方的動作很快，那你也得跟著快。如果對方想要從容不迫的建立起個人化的關係，那就多給他一些時間。根據相關人員的步調以及對於優先順序的看法來行事，當你能夠滿足對方行為風格的需求時，彼此就會形成一種互信互賴的關係。對方不會再處處和你作對，而你也能夠建立起更有生產力的關係。而且，因為建立起這種和諧的互動關係，你會對自己的表現感到更加滿意。

各位必須在相當短的時間內正確判斷出對方的行為風格，如此才能夠做出適當、正面的回應。本章以下這兩個部分將教導各位如何從人們的言語及言語以外的跡象判斷出不同的行為風格，還有如何讓自己待人處事更有彈性的特殊技巧。

判斷行為風格

現在各位已經對這四種行為風格有一些了解，也知道根據對方的風格予以回應有多麼重要。接下來這個部分將介紹如何正確且迅速的判斷對方是屬於哪一種行為風格。為了正確判斷對方的風格，各位必須觀察對方的所作所為。

◆觀　察

為了確保觀察正確無誤，你得留意各種言談以及言語之外的蛛絲馬跡。你可能還需要藉著問問題（探索）及「積極的」聆聽，來得到更多的觀察。

接下來，你得分析觀察到的行為，並且評估對方「主見」及「回應」的程度。為了協助各位順利進行這個步驟，我們把行為風格的特性解讀為各種可以觀察得出來的行為，如圖 3–7 及圖 3–8 所示。這裡所說的行為是你可以「看得到」的行為，而不是主觀的價值判斷。譬如，如果你看到有個人上上下下的跳，她這麼跳的原因是什麼？是不是因為氣得跳腳？還是踩到釘子？或因為太過興奮？光看是找不出原因的，你頂多能說她又上又下的跳。為了找出她為什麼跳的原因，你得具備更純熟的溝通技巧，好從言語及非言語的線索中找出原因。

利用「回應／主見」這個圖表來判斷行為風格時，首先得找出對方在「回應」這個層面的位置。「回應」這個層面的行為比較容易觀察，因此也比較容易判斷。接著要決定「主見」的程度，然後利用剔除法，找出這個人所屬的行為風格。譬如，如果你認為這個人展現出高於一般的回應程度，那麼低程度的回應行為就自動被剔除（主導型及分析型）。同樣的，如果你覺得這個人展現出很高程度的主見，那麼主見低的風格也會自動剔除（親切型）。剔除到最後，我們就可以判斷出這個人屬於表達型。

◆確　認

判斷出對方屬於哪一個行為風格之後，你得利用行為確認 (Behavioral Confirmation) 來證實這個判斷。「行為確認」也就是從對方的行為舉止中，找出符合你所判斷的行為風格的特色。換句話說，就是透過你的觀察為對方貼上標籤。現在各位可以用各種不同風格的特色來檢查。如果你判斷對方是屬於主導型——具有競爭性，沒有什麼耐心，做事有效率，行動果決，凡事以事實為導向，喜歡居於主導的地位，而且以目標為導向等等。如果對方所作所為都展現出這些特質，那麼你就能夠確認自己的判斷。現在你可以把對方視為主導型的人物，並且依據這樣的結論和對方互動。另外三種行為風格也是用同樣的方法檢驗。在做過初步判斷之後，一定要經過這種檢查和確認的過程。雖然這些過程要花些

高程度的回應

豐富的臉部表情
手部和身體的動作很多
時間觀很有彈性
喜歡講述故事和軼事
對於事實和細節並不計較
分享個人的感受
探尋接觸
立即性、非言語的回應

臉部表情變化不多
內斂而且手部和身體的動作不多
守時
談話內容以時事及手邊的工作為主
追求事實，而且注重細節
不輕易分享個人的感受
避免接觸
不輕易表達非言語的回應，就算有的話，回應的速度也很緩慢

低程度的回應

圖 3–7　可以觀察的回應行為

低程度的主見 ◄—►	高程度的主見
握手的力道輕	握手的力道大
間歇性的看著對方的眼睛	不斷直視對方的眼睛
沒有什麼言語上的溝通	很多言語上的溝通
所詢問的問題旨在澄清、支持以及了解	所詢問的問題旨在強調重點，對現有的資訊提出挑戰
對自己所說的話沒有什麼把握	所說的話非常強而有力
談話時沒有什麼輔助的手勢	談話時有許多手勢強調重點
音量低	音量高
說話的速度緩慢	說話的速度快速
音調沒有什麼變化	強調重點的時候會調整音調
溝通的時候態度猶疑	溝通的時候態度十分果決
動作緩慢	動作快速

圖 3–8　可以觀察的主見行為

時間，但是如果省略這個步驟而判斷錯誤的話，那麼可是會付出相當大的代價。

圖 3–9 中列舉一些顯而易見的行為特質，能夠協助各位確認每種行為風格。圖 3–9 的用詞可能和各位在圖 3–4 所見到的略有不同，但是其行為特質是一樣的，目的是讓各位對這些風格有更廣泛的了解。各位可以用這些敘述檢視和你觀察的對象，藉以確認你對其行為風格的初步判斷是否正確。

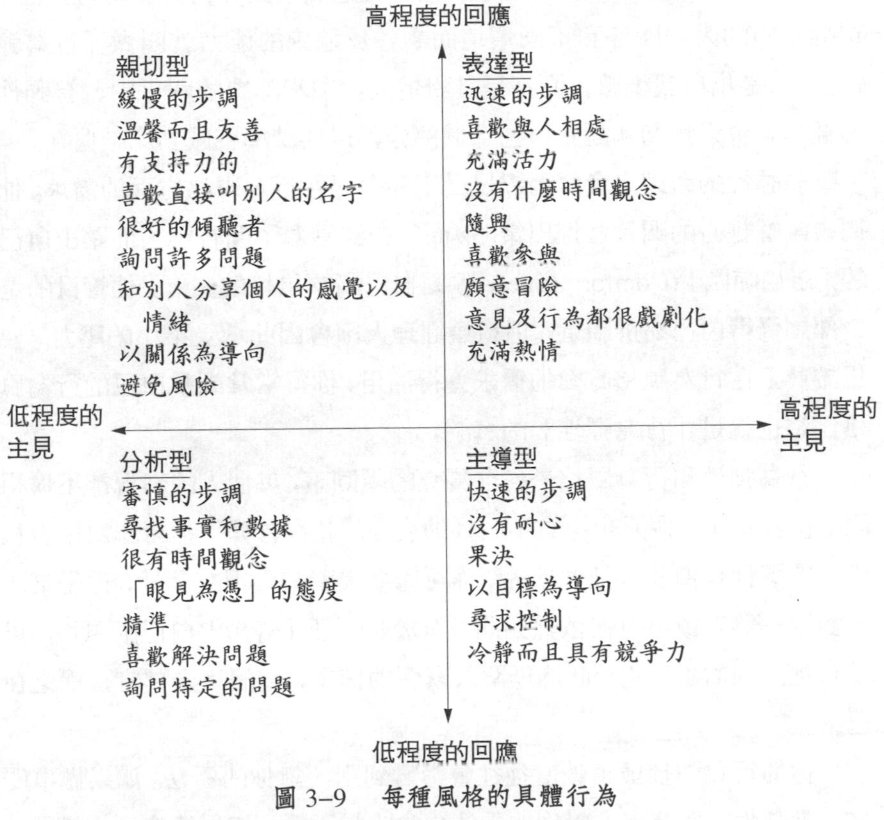

高程度的回應

親切型	表達型
緩慢的步調 溫馨而且友善 有支持力的 喜歡直接叫別人的名字 很好的傾聽者 詢問許多問題 和別人分享個人的感覺以及情緒 以關係為導向 避免風險	迅速的步調 喜歡與人相處 充滿活力 沒有什麼時間觀念 隨興 喜歡參與 願意冒險 意見及行為都很戲劇化 充滿熱情
分析型	**主導型**
審慎的步調 尋找事實和數據 很有時間觀念 「眼見為憑」的態度 精準 喜歡解決問題 詢問特定的問題	快速的步調 沒有耐心 果決 以目標為導向 尋求控制 冷靜而且具有競爭力

低程度的主見 ← → 高程度的主見

低程度的回應

圖 3–9　每種風格的具體行為

各位觀察過對方的行為舉止，判斷出對方屬於某一種行為風格，也進行過檢驗的步驟。你已經確認對方屬於主導型，現在要做的是建立起互信的基礎。但應該怎麼做？你不能期待對方來配合你，你得主動配合才行。現在各位可以學習行為彈性的技巧，真正做到「投其所好，用對方所希望的方式來對待他們」！

行為彈性

正確判斷出對方的類型之後，接著就應該規劃和對方互動的方法。根據不同的人際關係和不同環境而調整及適應的能力就叫做「行為彈性」。這是指自我調整，而不是針對他人。在和部屬的關係中，有彈性的經理人會只控制和調整自己這個部分，以便讓部屬感到比較自在。

有彈性的經理人會努力滿足員工和自己在行為風格方面的需求。他們會調解雙方的關係並提出策略。而且也經常為了配合別人而踏出自己的「舒適範圍」(Comfort Zone)，偏離自己所屬風格的偏好，儘管目的是讓部屬覺得自己易於親近，但這類經理人卻會因此承受不小的壓力。要想讓員工在行為風格方面的需求獲得滿足，你得常常調整自己的行為風格，這也就是「行為彈性」的真諦。

行為彈性和行為風格是各自獨立的兩回事，每個人的情況都不盡相同，甚至於同一個人也會有不一樣的表現。並沒有哪一種行為風格表現出來的彈性是優於其他類型的。你可能今天對某人很有彈性，但是第二天對同一個對象不見得依然如此。至於是否要「管理」自己的風格，以配合他人的需求，並藉此降低陷入緊張的機率，這個決定其實是操之在己的。

你的行為彈性或柔軟度往往會影響到別人對你的看法。如果做事能多一點彈性，那麼別人對你的看法也會比較正面。如果態度硬梆梆的，沒有一點彈性，那麼別人對你的印象就不會太好。這就好比老菸槍和不抽菸的人共處一室，老菸槍要控制自己的煙癮。一樣的道理，行為彈性就是控制自己的行為，好讓別人比較自在。

行為彈性和很多其他的道理一樣，過與不及都可能造成負面的影響。要是態度強硬、沒有一點彈性，別人會認為這個人只關心自己的需求。由於這種人做事完全根據自己的步調，對事情的輕重緩急也是照自己的看法，因此別人可能會覺得他太過固執，不知變通，或是想法狹隘、食古不化。但是如果行為彈性太大，則可能會面臨兩個問題。首先，因為這種人為了配合別人的步調和對事情輕重緩急的看法而把自己的原則擺到一邊，因此很可能招來優柔寡斷、沒有主見這類的批評。其次，如果完全依據別人的行為風格來做事，難免會產生壓力。不過這種壓力通常只是暫時的現象，而且有助於促進雙方關係和諧。但如果在跟所有的人互動時都維持這麼高的彈性，很可能會落入壓力無處紓解及缺乏效率的陷阱。真正有效率、有彈性的人，縱然會對別人的步調和偏好有所退讓，但不會徹底的妥協。他會在某些特殊情況下（譬如不這麼做就無法順利互動時）調整自己的行為彈性，至於其他情況下則不會輕易妥協。如此一來，這種人不但能夠滿足對方的需求，也能夠滿足自己的需要，並且在雙方關係中進行協商與分享，創造出雙贏的局面。在別人眼中，這個人已經具備了經理人最需要的形象——足智多謀、明理以及善體人意。

表 3–3 中介紹各種行為風格的行為彈性，協助各位了解在和這四種風格的人互動時，應該具備什麼樣的行為彈性。

表 3–3 行為彈性指南

表達型	主導型	分析型	親切型
交換意見、點子及夢想時，盡量表達，並且支持他們。	試著支持主導型的人的目標。	試著支持分析型的人井井有條、深思熟慮的做法。應該用行動來協助對方達到目的，而不是光用說的（寄送資料、簡章、圖表等等）。	和親切型的人互動時，試著支持對方的感受。
不要急著推進討論的進度。試著一塊發展出令雙方都深具啟發的點子。	提出問題讓主導型的人能夠受到啟發，而不是下達命令叫他遵從。	有系統、精確、有組織，並且做好準備。	和對方建立起個人的關係。
表達型的人不喜歡輸，因此盡量不要和他們爭辯。試著找出雙方都非常有興趣的解決方案。	將雙方的關係侷限在公事上。不要試圖建立個人的關係，除非這是對方特定的目的之一。	對每個提案都列舉出優點和缺點，並且準備可行的替代方案，有效率的因應缺點的部分。	花些時間，有效率的讓這類親切型的人說出他們個人的目標。確定對方把他想要的和他認為你想要聽到的分清楚。
當你們達成協議的時候，針對「什麼」、「何時」、「誰」、及「如何」這些特定的細節加以釐清，務求雙方都能夠接受。	你在和主導型的人互動時，就算不認同對方的看法，也要針對事實進行爭辯，而不要把個人的感覺扯進去。	在和分析型的人互動時，給對方一些時間，好讓他能夠驗證你所說的話以及所作所為（因為對方會好整以暇的進行分析）。	當你和親切型的人互動時，就算不認同對方，也不要針對事實或邏輯爭辯，應該訴諸個人的觀點及感受。
以書面記載雙方都已經同意的概要，縱然有時候好像沒有這個必要，但是這個步驟還是不能夠省略（不要等著別人同意，只要做	在和主導型的人互動時，肯定他所提出來的點子，而不是對他個人的肯定。	分析型的人喜歡書寫的方式，不妨配合他們以書信聯絡。	如果你和親切型的人在很短的時間內就建立起目標並且很快的做出決定，接著應該探討未來有沒有可能造成誤會或產生不滿的地

就對了)。			方。
做個風趣、動作快的人。	若要影響主導型的人的決定，你得提出別的行動方案選擇，如果有的話，可以用實證說明這個方案成功的機率。	提供穩當、實質的證明（而不是舉出別人的意見)，告訴對方自己所說的話句句實言、而且正確。	偶爾放慢腳步，以輕鬆的態度配合親切型的人。
確定雙方對於什麼時候採取行動都充分達到共識。	務求精確、有效率、守時、而且要井井有條。	決定的過程不要趕。	和親切型的人互動的時候，讓對方知道你「積極」的聆聽，而且你在討論的時候抱持著「開放」的心胸。
利用重要人物或對方能夠認同的重要公司的推薦，往往能夠對表達型的人造成正面的影響。		分析型的人希望有保證可以確保自己的行動不會造成反效果。	親切型的人喜歡有保證確定行動中涉及最小的風險。提供個人支持的保證，但是不要過於誇大自己的保證，否則反而可能失去對方的信任。
		不要耍花招，即使你以為這些花招有助對方加速做出決定，但是事實上，分析型的人會以為你的計劃裡頭可能出了什麼問題。	

行為風格與互動式管理

本章提出「白金法則」的重點在於協助各位和他人建立互相信賴及和諧的相處方式，而唯有在公開、坦誠、沒有壓力的關係中才能夠做到這點。如果使用不得當的方法對待他人，會導致對方和你相處時感到不自在，而且會使對方的壓力增加，在建立關係的過程中成為反效果。

每一個人都是與眾不同的，所需要的對待方式也不盡相同，這個道理可以說是行為風格與互動管理概念的基礎。如果能夠正確判斷每個人的差異所在，各位便能夠以對方希望的方式對待他們。若是善加利用這套「白金法則」，人與人之間的壓力可以得到舒緩，而且彼此的信賴程度也能得到提升。最後你所有的管理關係都能夠開創更高的生產力。你雖然打破了「用你希望得到的方式對待他人」這條金科玉律，但是卻能夠獲得如此豐碩的成果，難道還不值得嗎？

參考文獻

ENGLESMAN, RALPH G., "Sizing Up Social Style," *Real Estate Today* (August 1975).

ENGLESMAN, RALPH G., "Unscrambling Nonverbal Signals," *Best's Review—Life/Health Insurance Edition* (April 1974).

HOMANS, GEORGE CASPAR, *Social Behavior: Its Elementary Form* (New York: Harcourt Brace Jovanovich, 1961).

HARVEY, JOHN H., and SMITH, WILLIAN P., *Social Psychology: An Attributional Approach* (St. Louis, Mo.: C.V. Mosby, 1977).

JABUBOWSKI, PATRICIA, and LANGE, ARTHUR, *Responsible Assertive Behavior* (Champaign, Ill.: Research Press, 1976).

JUNG, C. G., *Psychological Types* (London: Pan-theon Books, 1923).

KILDAHL, JOHN P., and WOLBERG, LEWIS, *The Dynamics of Personality* (New York: Grune & Stratton, 1970).

MEHRABIAN, ALBERT, *Silent Messages* (Belmont Calif.: Wadsworth, 1971).

NOVAK, ALYS, "Mirror, Mirror on the Wall, Who's the Most Successful Executive of All," *Executive West* (March 1974).

ROSE, ARNOLD, *Human Behavior and Social Process* (Boston: Houghton Mifflin, 1962).

TAGIURI, RENATO, and PETRULLO, LUIGI, *Person Perception and Interpersonal Behavior* (Stanford, Calif.: Stanford University Press, 1958).

VERDERBER, RUDOLPH, *Communicate* (Belmont: Words worth, 1975).

第四章 如何決策

雖然經理人在面對各種情況時會執行各種任務，但是所有的經理人都必須擔當決策的重責大任。在決策方面展現的效率會直接影響到公司的績效，也攸關個人事業成功與否。就像是學習（學習風格）以及與他人互動（行為風格）做決策也一樣，每個人都有自己的一套方式。而每種決策風格各有長處和短處，各有適合發揮的情況。因此掌握決策風格理論以及應用的秘訣，能夠協助各位更加了解員工，並且根據每個人的風格，指派適合的任務。這樣不但可以幫助他們提升工作績效，也有助於加強各位的決策能力，進而讓事業更上一層樓。

決策風格的面向

「決策風格」就是以個人的學養、經驗來判斷資訊並做出決策。這是人們根據過去的經驗所培養起來的習慣，和因人而異的學習方法以及互動模式雷同。我們每一個人都有自己獨特的思考模式，不過研究發現，人們在資料處理和決策過程當中會運用一些特定的思考模式，我們可以將這個結果區分出不同的決策風格。

人們在決策上的差異主要出現在兩個面向：第一，使用多少資訊或所用資訊的複雜度，第二，專注的程度或能夠根據資訊提出多少替代方案。參考的資訊越多，決策過程的複雜度就越高，而產生的替代方案也就越多。從圖 4–1，我們可以看到複雜及簡單兩種決策過程的比較。圖中所畫的六個圈為「變數」，代表這個人所掌握的資訊數量譬如事實、意見、或統計數據。變數之下的點代表結論，也就是解決或替代方案。某甲並未使用他所擁有的全部資訊（如圖所示，六個當中只用了三個變數），因此只產生一個解決方案。至於某乙所使用的資訊數量則比某甲多（使用了五、六個變數），結果產生多個解決或替代方案。比較起來，某甲的複雜程度低，但專注的程度則比較高。

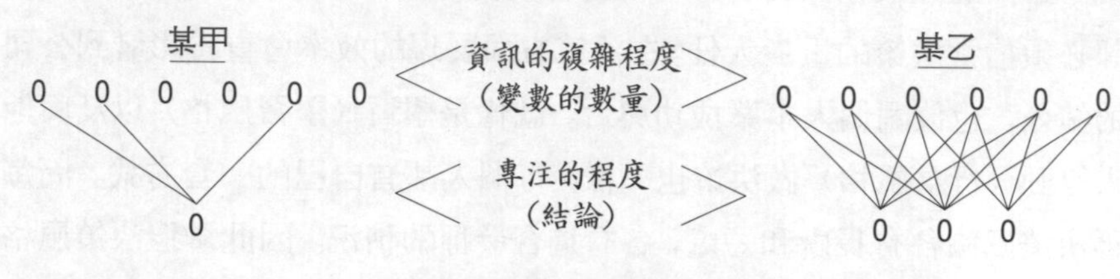

圖 4–1　決策的面向

現在各位可能已經想到一些吻合這些模式的人物，有的人是「迅速做出令人滿意的決策，然後馬上著手進行」，有的人則偏好「參考所有能夠得到的資訊，找出所有可能的解決方案，凡事不急不徐」。說到複雜度，大量的數據、圖表、統計數據以及從電腦列印出來的資料常令參議員大感吃不消。但甘迺迪總統任內的國防部長羅伯特・麥肯耐瑪拉 (Robert S. McNamara) 會參考各種龐雜的資訊，然後才提出他的看法。羅伯特・麥肯耐瑪拉處理資訊的方式和許多步調快的決策高層比起來簡直就是南轅北轍，這些高層往往只採用重點資料，以便迅速做出決定，並且緊接著處理下個問題。譬如，艾森豪總統向來只參考專家提出的簡報，以此作為決策的依據。

巴頓將軍 (General George Patton) 畢生的精力都投注在戰爭上，他的藏書幾乎全是戰爭方面的書籍，而且他所閱讀的書籍和所研讀的資料也全跟這個領域有關。而且據說他度蜜月的法國海灘曾經是一處戰場。愛迪生 (Thomas Edison) 則正好相反，他的興趣廣泛。譬如他在進行某項研究時，會把這個經驗運用到其他可能進行的計劃。他一生有各式各樣的發明——從電燈泡到照相機——而且還成立了好幾家性質不同的公司。

複雜程度或專注程度過與不及都不是好現象。太多的資訊往往令人頭昏眼花，結果反而令人更加困擾。但是如果資訊太少，則可能不足以做出適切的決策。至於專注程度，如果焦點過於集中在某個地方，那麼很可能會使整體表現大打折扣。但如果焦點分散太多，則可能會出現許多不同的結論，但是都不可行。不過在某些情況下，極端的複雜度或是專注程度也能夠發揮效用。譬如在需要迅速做出決定的情況，以及需要創造性適應力的情況。

四種基本的決策風格

如圖 4–2 所示，將複雜度及專注程度加以整合可以界定出四種不同的決策風格。果決型 (Decisive) 的人會使用最少量的資訊，做出「令人滿意」的決定。彈性型 (Flexible) 的人也是使用最少量的資訊，但卻會不斷改變焦點、反覆解讀資料，而且不斷提出不同的結論。階級組織型 (Hierarchic) 和彈性型的人正好相反。階級組織型的人會審慎分析大量資料，從而提出最理想的決策。整合型 (Integrative) 的人則和階級組織型類似，但是他們並不會只提出某個最好的決策，而是像彈性型的人一樣，產生各種可行的結論。

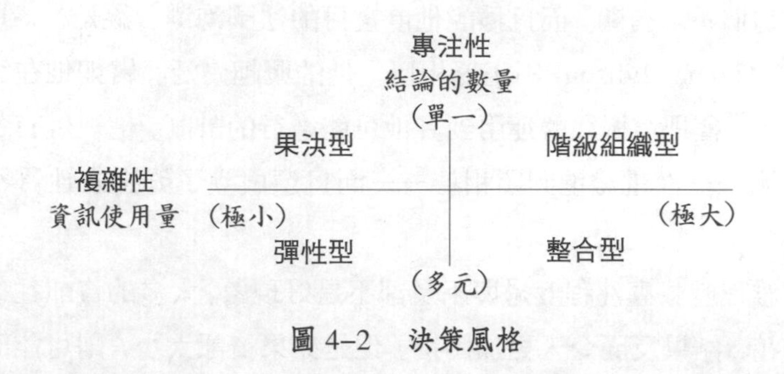

圖 4–2　決策風格

後備風格

各位回想一下，可能會覺得自己的決策風格不只一個；不過大多數的人都有一種主要的決策風格，平常都是依據這樣的風格進行決策。但在資訊過多或不足的情況下，或是時間壓力極為沉重時，大多數人會轉向較為單純的後備風格。後備風格通常是果決型或彈性型，因為這些風格利用的資訊比較少，而且能夠快速做出決定。以處理資訊的過程來說，果決型是最簡單的，其次是彈性型（最少的資訊，多種結論）以及階級組織型（最多的資訊，單一結論），最後則是最複雜的整合型（最多的資訊，多種結論）。由此可見，當環境不容許人們利用主要決策風格時，他們必須訴諸後備的風格。整合型的人有三種更簡單、更快速的後備風格可選擇：階級組織型、彈性型、果決型。階級組織型有兩種可行的後備選擇：彈性型跟果決型。彈性型則只能夠轉用果決型，至於果決型的人只能有更加果決了。

混合風格

如同行為風格一般，有些人在做決定的時候只使用主要風格，但是其他人則會不時變換風格。如圖 4–2 所示，如果決策風格是落在軸線上，那麼混合風格就是在兩個面向或在兩者之一較溫和的一種。專注程度和複雜度皆適中的混合風格最能適應各種不同狀況，這種適應型很接近軸線，也就是兩個面向的交界處，並且能夠視狀況輕易變換風格，只是不會出現極端的型態。

另外一種常見的混合風格是整合／階級組織型的綜合。由於整合型和階級組織型的特性是使用最多的資訊，因此這兩種風格的混合即發揚此一特性，並提出多種方案，後者則和整合型一樣。此外，這種混合型也會像階級組織型一樣，最後選出一個最好的解決方案。這種混合型態是所有風格中最複雜的一種，且常常被貼上複雜型 (Complex) 的標籤。

每種決策風格的特性

麥克・佐佛 (Michael J. Driver) 教授和同事發現，人們的決策方式除了所使用的資訊量及所考量的選擇不同之外，在其他與管理相關的功能方面也有不同的表現。表 4–1 從價值、規劃、目標、組織、溝通及領導等層面切入說明這些差異。

◆果決型

果決型的人在做決定時，會用最少量的資訊獲致一個堅定的結論。這類型的人注重的是時效及連貫性。他們以行動與成果為終極目標，用最少的資料為基礎，開發出井井有條的短程計劃，而且嚴守最後期限，決不拖延。他們只追求上司或其他主管所設定的一、兩個目標且通常專注在公司的目標上。果決型的人比較偏好階級組織，這種結構控制的範疇明確，而且具備清楚的規則。溝通過程講求簡短，而且切中要點。所有的人都必須透過經理人進行溝通。書面報告也要簡短，重點則要放在結果及建議採取什麼行動上。果決型的人只希望取得一個解決方案，如

表 4–1　決策風格的特性

決策風格的特性	果決型	彈性型	階級組織型	整合型
價值	行動 效率 速度 連貫性 成果	行動 適應力 速度 多樣性 安全	控制 品質 嚴格的方法 系統 力求完美	結果 資訊 創造力 多樣性 探索
規劃	採用少量資料 短程 緊密的控制 成果導向	採用少量資料 短程 直覺和反應	採用大量資料 長程 對於方法與結果的控制緊密	採用大量資料 長程 能適應各種狀況
目標	單一 公司目標為主 由外在因素產生	多種 個人目標為主 由外在因素產生 經常改變	寥寥可數 個人目標為主 由內部因素產生	許多 個人及公司目標並重 由外在與內部因素產生
組織	控制範疇狹小 規則 階級組織 結構性高：井井有條 大量授權	混亂的控制 鬆散 小事情大量授權 彈性的規則以及授權	控制的範疇廣泛 精心規劃的過程 自動化操作 小量授權 結構性高	團隊程序 矩陣式組織 大量授權 有彈性的結構
溝通	簡短的總結型態 以產生結果為主 單一解決方案 針對與透過領導	簡短的總結型態 多樣性 數種解決方案 大家互相交談	耗時但詳盡 解決問題 方法及資料的分析 只求「最好的結論」	耗時但詳盡 用各種觀點分析問題 多種解決方案
領導	以地位為基礎 動機——獎勵／處罰 權力和秩序 決策獨斷	以群眾愛戴與個人魅力為基礎 動機——正面的誘因 感受與需求 參與	以本身能力為基礎 資訊的誘因 邏輯及分析 會與他人商議	以信任及資訊為基礎 動機——互相了解及合作 感受與事實 參與

果報告寫得太過冗長、詳盡，往往會被打入冷宮，或者交給別人進行精簡的工作。他們服膺以職位為基礎的公司倫理。嚴謹的賞罰系統能夠驅動這類人的企圖心。果決型的人是獨斷的，部屬的職責就是執行其命令。

美國第三十四任總統艾森豪是偉大的軍事領袖，也可以說是果決型的典範。從價值觀來看，艾森豪追求事實與廉正，重視行動，而非突發奇想的點子。對他而言，具體的結果最重要，無論是哪一種經濟意識型態。艾森豪利用最少量的資料，並且要求部屬先行過濾，只提供精簡的重點報告。他建立起一個緊密、忠誠且井然有序的軍事化組織。他自認為企業的董事長，部屬為他過濾資料以及提供意見之後，由他進行最後的決策。儘管許多知識份子（可能屬於階級組織型或整合型）對他在決策時只參考極少量的資料多所批評，但是他的正直與誠實卻贏得人民的愛戴和敬重。

◆彈性型

這種風格的人在決策時也是只參考極少量的資料，不過他們會視不同的狀況，賦予這些資料不同的意義。這類型的人著重行動、速度、適應力跟多樣性，這些特質帶給他們安全感。他們不喜歡事前計劃，偏好隨興的行動，而且不斷追求以自我為主的目標。不過他們主觀地判斷別人需要什麼，並以此為目標，因此目標會隨著對象而不停的改變。他們偏好鬆散、有變化、結構簡單，且規則不多的組織。雖然這會造成混亂的局面，但是他們卻能悠遊其間，而且由於本身的創造力以及適應能力，反而能夠充分掌握這樣的局面。彈性型的人跟果決型的人一樣，喜歡簡短、切中要點的溝通方式和報告型態。不過，彈性型的人會比較喜歡參考不同的簡短報告，並從中挑選適合的解決方案，這一點和果決型的人正好相反，他們喜歡唯一選擇就是「最好」的解決方案。彈性型的人也喜歡隨興的互動，他們的決策建立在互動的基礎上，考量參與者的感受及需求來定出決策。他們的領導能力是建立在個人魅力以及眾人的愛戴上，而這兩個因素唯有正面的誘因才有辦法啟動。

威廉・杜蘭 (William C. Durant) 一手創立多家企業，其中最有名的要屬通用汽車 (General Motors)。說到價值觀，杜蘭充分展現出彈性型的特色。他的目標與計劃都不斷在變化。與長期的獲利報告比起來，他更為重視銷售量這種短期結果衡量標準。杜蘭會根據直覺及突發奇想的念頭來下決定，但是常常因為過於匆忙，資料分析的功夫不夠紮實，而落得失敗的下場。彈性型的人偏好亮麗的外表，而不是穩固的品質（這需要比較長的時間培養），在威廉・杜蘭的領導期間，通用汽車的生產量居高不下，但是品質卻只是差強人意，或許正是被這樣的特質所影響。杜蘭並不會按部就班地進行規劃，他的想法和策略都是在腦袋裡醞釀。而跟規劃比起來，杜蘭對於控管的興趣又更低。他實在看不出來會計帳目對生產有什麼幫助，因此反對庫存控制，認為這種做法太壓抑了。威廉・杜蘭經營的企業結構非常鬆散，而且大量授權，但他始終把持住最後的決策權。

◆階級組織型

這種型和果決型及彈性型的人正好相反，他們會採用大量的資料，仔細分析之後，找出一個最好的結論。階級組織型的人重視完美、精確、周全。影響所及，他們希望能夠徹底掌控正在進行的工作。他們喜歡詳盡的長程規劃，藉以確保所使用方法與最後結果都萬無一失。他們關心一些自己提出的個人目標，希望開發出幾個詳盡的策略來完成這些目標。他們偏好複雜、層級分明、控制範圍大的組織以及精密的政策和程序。階級組織型的人喜歡長時間仔細的溝通，報告則要求正式、內容詳盡，巨細靡遺地說明問題、方法，並且提出一個「最好的」結論。這種類型的人認為簡短的報告不夠充分，因此通常會把報告退回去，做進一步的資料分析。資訊能夠激發階級組織型的人的決心，他們則是透過邏輯與分析來影響他人。至於領導是以本身的能力為基礎。他們決策的方式獨斷，不過還是會諮詢部屬，參考進一步的資料與看法。

雖然一般人通常不會把尼克森 (Richard Nixon) 和階級組織型的人聯想到一塊，但他的決策風格其實展現了階級組織型的特色。他一向重視蒐集資料及充分運用這些資料來支持他的單一論點。尼克森設定自己的目標之後，便會全力以赴盡力完成。打從十二歲立志成為律師起，他就不斷朝著這個目標前進。他的人生看似一連串精心規劃的競選活動，從早年追求法律學位開始,，接著投身共和黨青年團、進入國會，最後更入主白宮，達到人生的高峰。其實他在一九五二年開始計劃競選總統，但到了一九六〇年才獲得提名。他喜歡時間表、有條理的習慣及訂定最後期限，採取行動之前都經過深思熟慮，萬全的準備更成為一種習慣。不過階級組織型態的人可能全心投入自己設定的目標，有時候會忽略別人的感受及可能的後果；不幸的是，這一點在尼克森的身上展現無遺。我們可以從水門事件以及他在紐約購屋所引發的問題中看出這方面的缺點。

◆整合型

跟階級組織型一樣，整合型的人也會利用大量的資料，不同的是後者會提出許多可能的解決方案。整合型的人會同時提出這些不同的方案，這點和彈性型的人正好相反，彈性型的人也會提出許多結論，但是他們是一個接一個提出。整合型的人重視探索、蒐集大量資訊，並且利用這些資訊進行各種有創意的工作。他們會先分析詳細的資料，再提出長程的規劃，之後還會不斷進行修改。整合型的人關切個人與組織的各種目標，並且盡力讓個人的目標和組織的目標相互配合。他們並不喜歡被僵化的階級組織架構控制，比較喜歡鬆散、有變化、能夠配合各種環境需求的組織。他們的溝通雖然耗時，卻因為有熱烈的討論而成果豐碩。簡短的報告不會被採納，因為他們偏好用許多不同的角度做詳盡的分析，從而產生多種可能的結論。這樣的資訊處理能力讓他們能夠得到別人的信賴，進而獲得舉足輕重的影響力。這類型的人會讓他人參與決策過程，以感受、事實、意見為基礎做出決策。整合型的人所展現的同理心、體諒與公平等特質，能夠促使他人投入貢獻。

班傑明・富蘭克林 (Benjamin Franklin) 正是整合型決策風格的良好典範。他重視資訊及多樣性，他讀遍當地圖書館所有書籍的軼事便充分說明了這項特質。富蘭克林對於各種事物都抱持高度的興趣。對未知事物的探索更造就了許多的發明，他從放風箏的過程中發現電的存在，這個家喻戶曉的事蹟正是明證。他的影響力不只在於廣泛的知識跟推論的能力，同時也是因為他重視別人的感受與想法，這個特質讓他成功贏得別人的信任及愛戴。

看完上述四種決策風格，各位可能已經發現自己喜歡或討厭哪些特質。圖 4–3 列舉一些常用說法，敘述這些風格的特色。個人對這些特色的好惡主要是根據自己屬於什麼風格以及本身的風格和其他風格是否相容而定。我們會在本章後面的部分討論如何和不同的風格相處。不過有一點必須注意，重點並不是你對其他決策風格的人有何觀感，而是在不同的決策環境中，如何充分激發他們獨特的長處以及避開他們的短處。

是否有「最佳的」決策風格?

在各種決策風格當中，並沒有一種可以適合所有的工作或是情況的「最佳」風格。不過，如果工作和個人之間的契合程度高，決策風格自然會運作得更順暢。高度規劃的工作需要快速及連貫的行動配合，由果

果決型		階級組織型	
正面敘述	反面敘述	正面敘述	反面敘述
可靠	僵化	嚴格的	主見的
一致	頭腦簡單	精準的	過度掌控
快速	淺薄	徹底的	吹毛求疵
彈性型		**整合型**	
正面敘述	反面敘述	正面敘述	反面敘述
直覺的	淺薄	有創意	複雜
適應的	優柔寡斷	能夠引起共鳴	好管閒事
友善的	善變	合作的	優柔寡斷

圖 4–3 各種決策風格的正反面敘述

決型風格的人負責能夠獲得最好的效果。但是如果工作除了要求速度，也需要適應力和創造的才能——這與連貫性及可靠性正好相反——這時彈性型的風格會比較適合。在高度複雜，而且瞬息萬變的環境中（譬如航太研究），整合型會比較成功。就拿登陸月球來說，這種工作需要分析大量的資料，才能夠成就單一的目的，所以如果負責這些工作的人屬於階級組織型，通常能夠獲得比較好的成效。

以上所舉的各種例子重點在於：要想正確判斷哪種人是最適合的決策者，我們必須先分析情況的屬性及個人的決策風格，然後才能夠找出最吻合的搭配。要為工作找到最適合的人，我們必須進行以下的步驟：

1. 判斷工作的需求：
   - a. 必須使用的資料數量及複雜程度
   - b. 時間壓力
   - c. 焦點分散的必要
   - d. 責任量

e. 社會的複雜性(所需影響力的種類、監督的人物類型等等)

2. 判斷個人的基本決策風格:

a. 果決型

b. 彈性型

c. 階級組織型

d. 整合型

3. 挑選出彼此最適合的個人和情勢組合。

要找出最適合的組合,必須先正確判斷出工作所需的條件與個人的決策風格。這表示我們必須利用以上所列舉的要素進行深度的檢驗。光是靠書面的工作項目敘述是不夠的,這種書面的敘述可能連相關的要素都掌握不到。不過我們可以參考表 4-1 所列的「決策風格特性」,正確評估個人的決策風格。各位在評估個人的決策風格時,參考越多不同的情境越好,以免受到某種特定情況過度的影響。

我們在介紹每個決策風格時,都會舉一位家喻戶曉的政界領袖或商業巨擘為例,以協助各位更加了解如何評估。接下來我們要探討各種決策風格的優點跟問題,了解這些優缺點之後,我們可以更加精準的為不同的工作找到適合的人選。

每種風格的優點

誠如先前所說,每一種決策風格在別人看來,可能都有正反兩面的評價,這要視評估者本身的風格而定。不過事實上,每一種風格都有明顯的優點和缺點。我們在前面介紹過不同風格可以搭配哪些特質的工作,從而提升工作績效。除此之外,探討哪些風格適合哪些不同的商業開發階段(也就是創造、起步、生產與擴張),也可以彰顯出這些風格的長處。

整合型的人具有很高的創造力，因此非常適合腦力激盪和規劃的階段。彈性型的風格則具備易變、探索的特性，所以很適合企業在起步階段的活動。至於小規模的生產階段，果決型的效率和一致性絕對會有很大的貢獻。當生產規模逐漸擴大、複雜度隨之攀升時，階級組織型可能就是最適合的經理人，因為這類型的人具備品質、控制及資訊處理方面的長處。

然而，每一種決策風格都有獨具的特性，這些特性各有長處和短處，是好是壞都要看所處的特定情況而定。碰到狀況的時候，我們必須先判斷情勢（或許可以利用先前所介紹的程序），然後考量各種決策風格所具備的長處（如圖 4–4 的說明）。

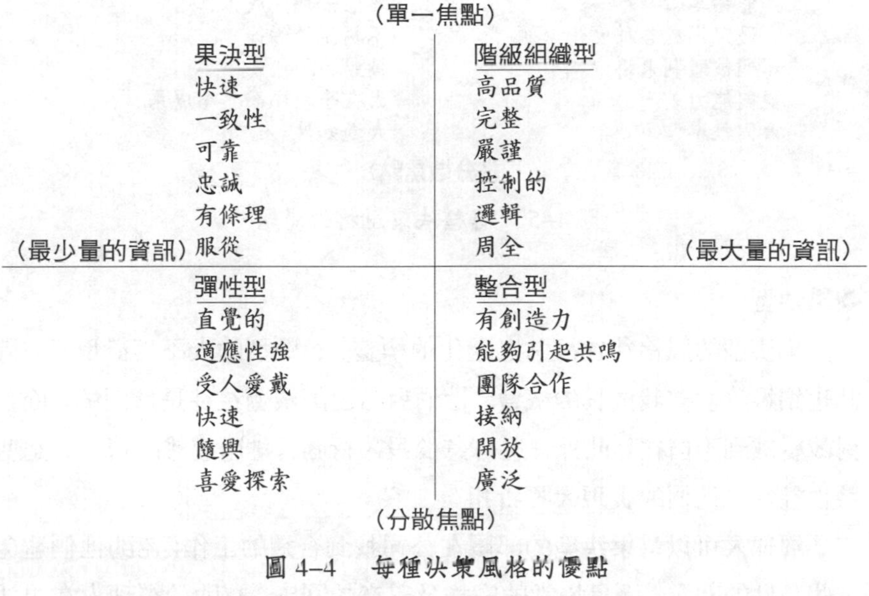

（單一焦點）

（最少量的資訊）		（最大量的資訊）
	果決型 快速 一致性 可靠 忠誠 有條理 服從	**階級組織型** 高品質 完整 嚴謹 控制的 邏輯 周全
	彈性型 直覺的 適應性強 受人愛戴 快速 隨興 喜愛探索	**整合型** 有創造力 能夠引起共鳴 團隊合作 接納 開放 廣泛

（分散焦點）

圖 4–4　每種決策風格的優點

每種風格的問題

每種決策風格都有值得一提的優點，同樣的，每種風格也各有某些問題存在。圖 4–5 就說明各種決策風格所面臨的問題。

（單一焦點）

（最少量的資訊）		（最大量的資訊）
果決型 僵化 不願意反省 自我評價低落 避免改變 排斥複雜的資料		階級組織型 壓抑或專橫 追求完美 不願授權 好辯 喜歡邀功
彈性型 膚淺 不能夠專心 太過沉溺於各種變化 不願被體制束縛 規劃能力差 看似輕率		整合型 優柔寡斷 無法如期完成工作 不拘泥於細節 被動 太在乎程序而忽略成果 太過知性

（分散焦點）

圖 4–5　每種決策風格的問題

◆果決型

果決型的風格往往被貼上僵化的標籤。這類型的人不喜歡反省，因此也錯過許多自我成長的機會。他們對自己的感覺往往是負面的，而且對改變感到不自在。此外，還有急於投入行動、排斥複雜的資訊，這些特性往往使他們的表現大打折扣。

經理人可以幫果決型的部屬在公司找到合適的工作，協助他們避免這些特殊的問題。而且適當的安撫及善意的回應，有助於經理人在果決型部屬心中樹立良好的形象。盡量避免讓果決型的人負責設計新程序之類的工作，至於複雜的資料分析工作也應該交給這方面的專家來代勞。透過這些安排，經理人得以消弭大部分的壓力，否則這些壓力很可能會讓果決型的效率大打折扣。

◆彈性型

彈性型常常給人膚淺、沒有定性的印象。這類型的人很難專心，而且太執迷於各種可能的變化，結果往往因為焦點過於分散而落得虎頭蛇尾。他們的規劃能力很差，又不願意被體制及紀律束縛，因此不太容易受到他人重視。

同樣地，經理人也能夠藉著分派適合的工作給彈性型員工來協助他們。長程計劃與研究的工作應該交給專才去處理，只要是需要專心一致的長期性專案，經理人都應該避免交付給彈性型的員工去做。

◆階級組織型

一般人常常認為階級組織型的人太過謹慎、壓抑，而且專橫。他們力求完美，對於細節簡直到了吹毛求疵的地步。這類型的人會鄙夷無能的人，而且事必躬親，不願意授權給別人處理。他們喜歡邀功，也會霸佔別人的點子。階級組織型的人非常積極、好辯，常被頂頭上司視為一大威脅。

經理人應該避免讓階級組織型的人擔任管理的工作，幕僚是最合適的職務。如果指派他們參與小組專案，可以讓他們學習如何尊重他人的能力以及肯定別人的專業，這樣的做法或許會比較有益。

◆整合型

在別人的眼裡，整合型的人通常和優柔寡斷、意志力薄弱、過度講究知性和煩惱困惑等詞畫上等號。他們往往過度在意程序，而忽略成果的重要性。整合型的人通常很被動，依賴性也很強。他們沒有興趣研究細節，而且常常無法如期完成工作。

由於這種優柔寡斷的特性，整合型的人應該避免擔任控管方面的職務。經理人最好能指派其他員工，協助他們注意細節的部分以及督促他們及時完成任務。如果可能的話，可以為整合型的人成立工作小組，並且發揮他們在創造方面的潛力。

以有利的方式應付其他風格

在決策過程中，尊重他人和避免不必要的衝突是很重要的，因為衝突會讓雙方關係陷入緊繃，最後導致猜忌和敵視。就像行為風格一樣，這裡的關鍵概念也是「彈性」。各位必須盡可能的配合其他人的決策風格，這樣才能夠維繫良好的關係。如此一來，對方在決策過程中才能夠集中心力發揮他們的長處上，而不是暴露缺點。圖 4–6 簡短的列舉幾種做法，當各位在和不同決策風格的人互動時，可以參考這些做法，以發揮最大的生產力。

◆果決型

和果決型的人互動，第一件事就是提出結論，至於細節的部分，如果對方要求再提。保持正面積極的態度，堅定自己的立場避免人身攻擊與不確定的態度。遵守時間的要求。保持客觀，實事求是。不用期待溫馨的互動，要以生產力讓人刮目相看。如果你很重視彼此的關係和你的工作，千萬不要冒犯果決型的人。

◆彈性型

和彈性型的人互動，要不斷思索新的點子來作建議。展現你的創意，而且由於對方看重的是「行動」，因此動作務必要快。不要過度深入或是讓主題變得越來越複雜。不要讓對話停頓下來，維繫愉快的交談，但不要涉及太多私事。留些空間，對話中不要談到細節的部分，對於新的

（單一焦點）

果決型	階級組織型
先提出行動的結論	尊重對方對於控制的重要性
避免細節	根據對方偏好的做事方法提出建議
抱持正面的態度，避免批評	提出資料及結論
堅定自己的立場，表現出確定的態度	對方「修正」你的提案是預料中事
遵守時間的要求	千萬不要在爭辯中「贏」過對方
提出成果	不要迅速的回答
不要期待對方伸出友誼的雙手	努力做到完美的境界
保持客觀的態度	參考充分的資料後才發表你的看法
千萬不要冒犯對方	仔細傾聽
（最少量的資訊）	（最大量的資訊）
彈性型	**整合型**
展現創意	提出問題
建議新點子	避免提供解決的方法
動作要快	要有多樣化的資料來源
不要過度深入一個主題	避免太過絕對
不要涉及太多私事	盡力合作
不要討論細節	溝通彼此的靈感
保持適當距離	做自己能控制的事
抱持著開放的心胸	準備好轉變主題
不要要求對方長期的承諾	保持開放的心態

（分散焦點）

圖 4–6　以有利的方式應付其他風格

建議抱持著開放的心胸。

◆階級組織型

和階級組織型的人打交道時，你們得最短的時間內弄清楚對方的價值觀與偏好的做事方法。然後試著根據這些價值觀和做事方法，提出建議。資料分析與結論也要一併提出。不過如果階級組織型的人重新做一遍或是「修正」你的提案，這也沒有什麼好驚訝的。不要過度爭辯，特別是不要「贏」過對方，還有千萬不要在大家的面前這麼做。仔細想想自己的答案，避免過於迅速的回覆。仔細傾聽對方，並且盡最大努力達到完美的境界，這樣自然能贏得對方的尊重。

◆整合型

和整合型的人互動時，最好能提出問題，而不是告訴他解決的方法。你得從許多來源蒐集資料，並且徹底的分析。不要太絕對，還有雙方的討論可能會進行很久，你得做好心理準備。避免競爭的心態，應該盡力和對方合作。接受以及討論彼此的靈感，並且計劃做自己能控制的事。整合型的人對你有興趣，這點你要明白，並且要抱持開放及坦誠的態度。

互動式管理的應用

經理人如果能夠正確判斷部屬的決策風格、了解如何針對每種風格作適當的調整，那麼就能夠更加輕易的分配行政責任、設計決策流程、決定各個小組的成員及方法。了解每一種決策風格的長處及短處，可以協助經理人更準確的指派部屬從事適合的工作，結果自然能夠提升生產力及滿意度。最後我們要說的是，了解如何和其他決策風格的人進行有效率的互動，能夠讓你受到更多的信任、愛戴，及更大的生產力。下面將介紹一些決策風格理論的應用，各位也許可以從自己所處的環境中找出一些相關的經驗。

各位在分派工作的時候，應該考慮到部屬的決策風格，並且將適合的工作交付給適合的人。如果工作需要處理複雜的資料與設計替代方案，而你把這種工作交給果決型的人負責，那肯定不會有成果的。如果你發現有人陷入這種進退兩難的窘境，應該儘快將他撤換，免得他因為壓力過大而崩潰。你也可以指派其他人給予協助，或是重新界定其職務。

同樣的道理，如果把簡單的例行工作交給整合型的人也會造成災難性的後果。整合型的人很可能會因為工作枯燥及對工作不滿而辭職不幹，就算可以克服這些情緒，他也很可能會藉著做白日夢來逃避現實，結果仍然會使生產力大打折扣。另外一種可能出現的行為則是試圖把上司指派的任務複雜化，這麼做也可能會使得表現受到影響，而且可能會帶給公司其他型態的壓力。如果你發現有部屬處於這種不適任的職務時，應該迅速採取行動，安排他們適合的工作。你也可以指派額外的任務，提高工作的複雜度，或是把這位部屬換到工作量比較大的職務，這些方法都能夠改善目前的狀況。

了解決策風格與不同處境的需求，能夠提供經理人許多有用的資訊。當他們面臨特定的狀況時，可以正確判斷應該投入多少人力及應該指派哪些人員負責。從前面所介紹的各種風格特性，各位可以了解到不同的人適合不同的工作，譬如重複性、標準化的問題，以及需要腦力激盪做出各種解決方案，或是深入分析複雜問題的工作，每一種都需要不同風格的人來勝任，才能收到最大的成效。

這三章中（學習風格、行為風格及決策風格），互動式的經理人必須充分了解每個員工獨一無二的特質。而且，他們必須利用這些資訊來調整個人與管理方面的手法。這樣的做法能夠帶來非常豐碩的成果，部屬的生產力、自信心都會提高，而且對你個人及經理人的身分都會更加敬重。部屬的士氣受到提升，對工作的滿意度增加，流動率自然下降。另外還有許多好處會一一浮現，這些都是有待互動式經理人開發的大好機會。

參考文獻

DRIVER, M. J., "Career Concepts and Career Management in Organizations," in C. Cooper (ed.), *Behavioral Problems in Organizations* (London: Prentice-Hall Inter-national, in press).

DRIVER, M. J., and LINTOTT, J., *Managerial Decision Diagnostics: A Key to Integrating Man, Organization, and Environment in a Productive System*, working paper, Graduate School of Business Administration, University of Southern California, 1972.

DRIVER, M. J., and MOCK, T. J., "Human Information Processing, Decision Style Theory and Accounting Information Systems," *Accounting Review*, Vol. 50, No. 3 (July 1975), pp. 490–508.

DRIVER, M. J., and ROWE, A., "Decision Making Styles: A New Approach to Solving Management Decision Making," in C. Cooper (ed.), *Behavioral Problems in Organizations* (London: Prentice-Hall International, 1979).

DRIVER, M. J., and STREUFERT, S., "Integrative Complexity: An Approach to Individuals and Groups as Information-Processing Systems," *Administrative Science Quarterly*, Vol. 14, No. 2 (June 1969), pp. 272–285.

第五章 溝通風格的分析

不論何時，只要你和別人有任何溝通或互動，你就是在進行人際溝通 (Transaction)。所謂人際溝通，就是和別人打交道時所採取的行為。

人際溝通分析 (Transactional Analysis) 是一種非常實用的方法，可以讓我們了解人的個性、並且對人與人之間的互動加以分析。設計人際溝通分析的目的，是為了讓我們和別人互動時能將焦點放在自己角色，以及彼此的需求和習慣上。如果能掌握人際溝通分析的概念，並且應用到我們和主管、部屬、同儕的互動中，我們的人際溝通會更有效率。同樣的，我們也可以運用這套方法讓他人心情更加愉快，工作更加順利。

人際溝通分析提供經理人一套簡單、實用的架構，讓他們能夠一面和部屬溝通，一面分析彼此的互動。此外，人際溝通分析也有助於這些溝通維持在有利的軌道上。

自我狀態

請各位想像這個情況：有個員工遲到很久才到達辦公室，工作小組需要的資料全在他那裡，主管因此大發雷霆，不但氣得滿臉通紅，而且肌肉緊繃、張牙舞爪。突然間電話響了，主管一聽是朋友打來的，聲音立刻變了，臉部表情也緩和下來，還露出笑容。以人際溝通分析的術語來說，這位主管的「自我狀態」(Ego States) 出現了變化。

每個人都有三種自我狀態，或說是對世界的看法：「家長式」(Parent)、「成人式」(Adult) 及「兒童式」(Child)。這三種型態各自獨立，而且是行為的重要源頭。這三種自我狀態都是正常的現象，而且對於人與人的互動和溝通都是必要的。

「兒童式」的自我狀態包括直覺、創造力、隨性跟享樂。「成人式」則包括處理資料及估算各種選擇的或然率。你的「成人式」自我能夠調解「家長式」和「兒童式」這兩個自我狀態，並且作為兩者之間的橋樑。「家長式」則結合了嚴厲 (Critical) 和慈愛 (Nurturing)，這些情感態度是你從父母身上承襲而來的。「家長式」自我狀態讓你的行為有例可循，同時讓你知道哪些活動是可以被接受的。正因為「本來就應該這樣」，所以「家長式」會自動為你處理許多不重要的決定。這使得「成人式」的自我狀態能夠有更大的空間，思索比較重要的決策。

人格的這三個層面都有很高的價值。除非三者之間的平衡遭到破壞，否則沒有擔心的必要。而且，「家長式」、「成人式」以及「兒童式」這三種層面在你的生活中都佔有重要的地位，應該同等以待。圖 5–1 對這三種自我狀態有很清楚的敘述。

家長式	你的感受、思考模式及所作所為都和你的父母類似（你不應該裝病蹺班，這是不誠實，而且欺騙公司的行為）。
成人式	你會在目前的狀況中蒐集客觀的資料，並且加以分析(今天天氣這麼好，我可以好好休息一下。不過現在正值旺季，如果蹺班，等我回來的時候，面對堆積如山的工作可能會更糟糕)。
兒童式	你的感受及行為模式都和小孩子一樣(今天天氣這麼好，我要跟公司說我生病了，然後去海灘上好好享受一番)。

圖 5–1　自我狀態

打從一出生，「家長式」的自我狀態就已經成形，而且小孩五歲的時候，這個狀態就已經成熟了。小時候你觀察身邊權威人物（特別是父母親或是養父母）的行為舉止，這些記憶儲存在腦海裡，就成為「家長式」自我狀態的重要來源。「家長式」自我狀態的行為與感受和兒時觀察到的權威人物相當類似。這些關於規則及規範的兒時記憶留在你的「家長式」自我狀態當中，你會透過言語或非言語的方式，將這部分傳達給別人。在你心中，「家長式」自我狀態會叮嚀你「應該如何如何」、「不應該如何如何……」或是「必須這樣做……」、「不可以那樣做……」、「這樣才對」、「那樣不對」。諸如「以牙還牙」、「男孩子畢竟是男孩子」、「狗改不了吃屎」這些話也反映出「家長式」自我狀態的記憶。這個層面的你可能會很嚴厲，也可能很會為人加油打氣，也有可能兩者兼具。

「兒童式」自我狀態就是小時候的你。這個狀態的感受及行為都和你兒時的所作所為十分類似。這個自我狀態包括了你的情緒與感受，你的創造力、衝動、好奇心、冒險犯難的精神、愛，甚至於你的恐懼、罪惡感、羞恥心、報復心及依賴性。這些情緒和權威人物「教導」小孩應該如何感受的方法往往互相矛盾。你的「兒童式」自我狀態可能會有這樣的表達方式：「哇塞！」「我的天啊！」「我現在就要！」「你敢！」這個層面的你可能是「自由自在」(Free)、「適應能力強」(Adaptive) 或是「小學究」(Little Professor)。自由自在的「兒童式」自我狀態能夠不受拘束的隨興活動，出發點可能只是因為這些事很好玩。自由自在的「兒童式」並不受「家長式」的指示，純粹是順其自然。這個自我可以很有感情，也可能很重感官、慷慨助人、害怕恐懼、放縱沉淪或充滿衝勁。自由自在的「兒童式」狀態會以開心果這類的形象出現，老是愛惡作劇，也可能是固執的主管，凡事一定要依他的方法來做才可以。重點在於如何適當的表達這種自由自在的「兒童式」自我。你的「兒童式」自我狀態也可能是「適應能力強」的，在這種狀態下，你的所作所為都是為了取悅別人，而不是讓自己快樂。適應能力強的「兒童式」自我是受到你心中「家長式」自我的影響，以親切、有禮、順從、謙虛、自律等形象呈現出來。舉個例子來說，總是把「請」、「謝謝」掛在嘴邊的員工，從來不遲到早退，而且還保持全勤的紀錄，這類員工正是適應能力強的「兒童式」自我狀態所呈現出來的。至於小學究型的「兒童式」自我狀態則是指兒童的直覺，這種直覺能夠解讀主管皺眉或員工舉手投足間代表什麼意義。這一型也是「兒童式」自我用來操縱成人的能力。譬如說，淚眼汪汪的秘書小姐向她的男性主管哭訴，儘管不斷有毛頭小子過來騷擾，自己還是很努力想要趕上工作進度。或是男性主管邀秘書小姐出去喝一杯，向她訴說老婆有多麼不了解他，試圖博得秘書小姐的同情。最後一個例子是，有個接受主管訓練的男性幹部試圖討好他的女性主管，諂媚的說她看起來實在太年輕了，根本看不出來這麼有成就。

「成人式」自我狀態從一歲之前就開始緩慢的成長，這時候小孩開始會思考，會試試大人所教導的事物，看是否真的可行。當你進行邏輯性思考及客觀的蒐集資訊時，正是這個自我狀態的展現。這個自我狀態可以說是你的「電腦」，它會儲存並處理資訊之後再做出合理的決定，以解決問題。你的「成人式」自我狀態會從三個來源蒐集資訊:「家長式」、「兒童式」以及「成人式」的自我狀態，接著把事實和虛構、現實和想像、事實和謊言劃分開來，最後做出合理、實際、不受情緒影響的決定。「成人式」的自我通常會提出許多問題，做出決定，觀察執行的過程，然後再著手解決下一個問題。

你的「家長式」和「兒童式」兩種自我狀態往往會彼此衝突，製造緊張。「成人式」自我的一項重要功能就是疏通、調解另外兩種自我狀態，扮演仲裁者的角色。圖 5-2 說明這三種自我狀態之間的關係。你的

「成人式」自我必須幫忙滿足「兒童式」自我的需求，而且不能因此惹上麻煩（這是「家長式」自我主要擔心的地方）。只要「成人式」自我能夠圓滿完成任務，你自然能夠擁有和諧、穩健的人格。如果過於強調「家長式」或「兒童式」的自我狀態，則可能會產生情緒上的問題，而且／或是製造社會問題。

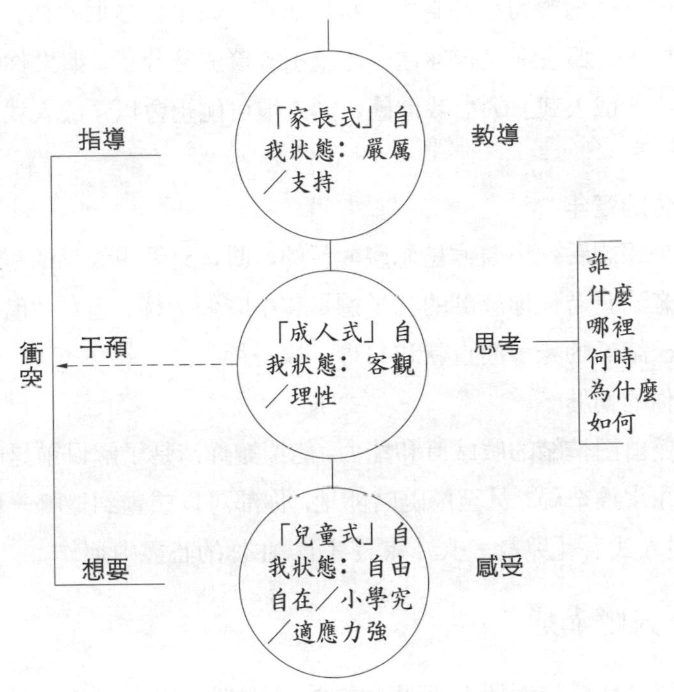

圖 5–2　自我狀態彼此之間的關係

要怎麼知道自己的哪個自我狀態居於主導地位？以下有四個方法可以供各位參考。

◆分析你的行為

觀察你的姿勢、手勢、聲音及用字遣詞。身體挺直、手舞足蹈、聲音宏亮，或是使用「正確」、「正義」、「應該」之類的字眼，這些跡象和萎靡不振、不敢直視對方、聲音微弱，以及使用「不行」、「不會」和「天啊」這類字眼絕對是分屬不同的自我狀態。

◆分析你和別人相處的模式

如果你總是對人頤指氣使，而且自以為什麼都知道，那麼別人和你在一起時往往會變得小心翼翼、戒慎恐懼。如果你是個快樂、溫馨、充滿樂趣的人，那麼別人跟你在一起就不會緊張兮兮了。如果你的所作所為表現出「成人式」的自我狀態，別人很可能也會以「成人式」的自我來回應。

◆分析你的童年

試著想想看你小時候是怎麼說話的，還有父母親說話的樣子。你可能會注意到有時候你講話的樣子還是和小時候一樣。也有些時候，你會發現自己講話的樣子簡直就和父母一模一樣。

◆分析你的情緒

察覺自己情緒的敏感度和能力，能夠讓你清楚了解目前是哪一種自我狀態在掌控全局。甚至於隨時隨地，你都可以感覺到是哪一個自我狀態（「成人式」、「兒童式」、「家長式」）在你的心靈中運作。

人際溝通

人際溝通是指兩個人之間的交流。大多數的人際溝通是透過言語進行，不過也有非言語的交流（也就是透過臉部表情、肢體動作、說話語氣等等）。所有的對話都是兩人之間的溝通，對話可能是由其中一人起頭，另外一人回應。因此，這樣的溝通可能有九種自我狀態的組合：1.「家長式」對「家長式」，2.「成人式」對「成人式」，3.「兒童式」對「兒童式」，4.「家長式」對「兒童式」，5.「家長式」對「成人式」，

6.「成人式」對「兒童式」，7.「成人式」對「家長式」，8.「兒童式」對「家長式」，9.「兒童式」對「成人式」。圖 5–3 說明這九種可能的自我狀態組合，在這個圖與下一個圖當中，溝通起始者（也就是刺激的傳送者）都放在左邊，回應溝通的人（也就是回應者）都在右邊。箭頭則表示溝通的方向。

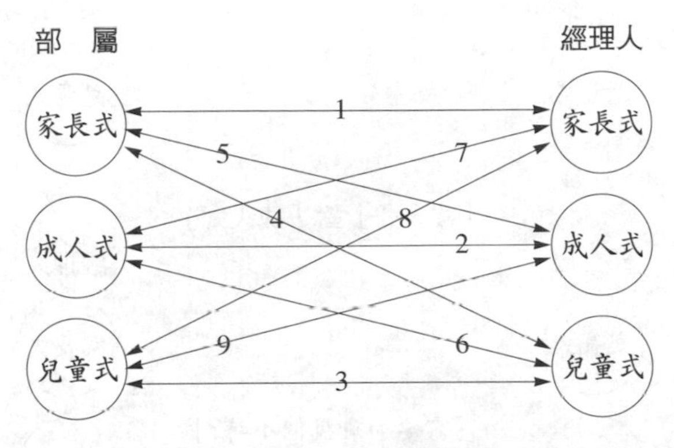

圖 5–3　自我狀態的溝通組合

所有的人際溝通都不脫這三種類型：第一，互補型溝通 (Complementary Transactions)，第二，交叉型溝通 (Crossed Transactions)，第三，曖昧型溝通 (Ulterior Transactions)。當溝通的刺激產生預期的回應時，這個結果就是互補型的溝通。圖 5–4 所描述的自我狀態溝通全都屬於互補型的溝通。各位請注意，代表溝通的線都是平行的（沒有交叉），這些平行線表示溝通的管道暢通，而且很可能會一直維持這樣的局面。「家長式」對「家長式」、「家長式」對「兒童式」、「成人式」對「成人式」以及「兒童式」對「成人式」都是互補型或刺激／回應的溝通，圖 5–4 中以部屬和經理人之間的關係來做說明。

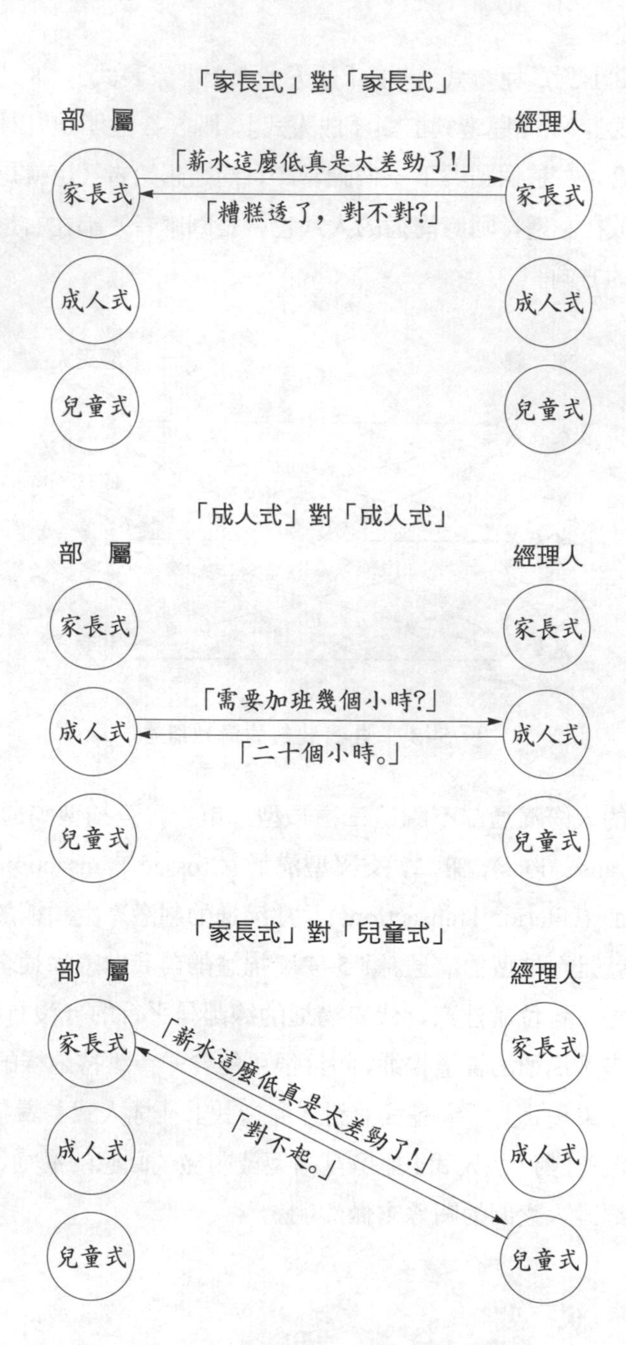
「家長式」對「家長式」
部屬
經理人
「薪水這麼低真是太差勁了!」
「糟糕透了，對不對?」
家長式
成人式
兒童式
家長式
成人式
兒童式
「成人式」對「成人式」
部屬
經理人
家長式
成人式
兒童式
「需要加班幾個小時?」
「二十個小時。」
家長式
成人式
兒童式
「家長式」對「兒童式」
部屬
經理人
家長式
成人式
兒童式
「薪水這麼低真是太差勁了!」
「對不起。」
家長式
成人式
兒童式

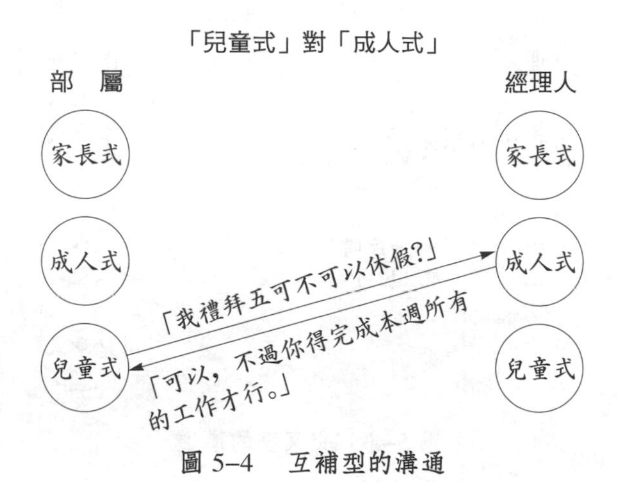

圖 5-4　互補型的溝通

有的時候代表溝通的線會出現交叉的狀況，這會導致溝通破裂，也會使部屬和經理人的關係陷入低潮、不具生產力。當另一個人的回應出乎預料或不甚恰當，兩者之間便是屬於這種交叉型的溝通。圖 5-5 以部屬和經理人的關係來說明這種狀況。經理人和部屬安排加班時間表的溝通破裂，彼此可能會產生防衛的心態，結果偏見也隨之而起。交叉型的溝通會使剛起步的溝通戛然而止，雙方的關係因此緊繃，甚至會彼此厭惡。

這三種溝通型態當中最複雜的要屬曖昧型溝通。這種溝通方式裡，雙方各自有話卻都不肯明講。曖昧型溝通包含的自我狀態不只兩種，通常一開始似乎是「成人式對成人式」，但是雙方都有「兒童式對兒童式」或「家長式對兒童式」的曖昧感覺。曖昧型溝通有兩種，一種是曲折的曖昧型溝通，這包括三個自我狀態；另外一種則是雙重的曖昧型溝通，這包括四個自我狀態。圖 5-6 以經理人和部屬為例子，說明曲折的曖昧型溝通如何運作。在這個圖中，各位可看出經理人成功掌握住部屬的「兒

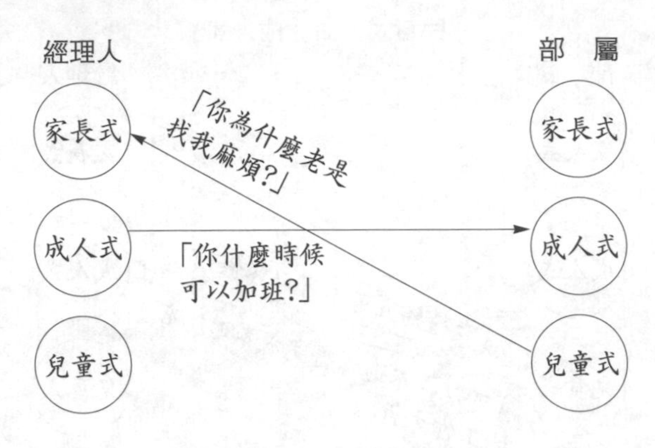

圖 5–5　交叉型的溝通

童式」自我狀態。

圖 5–7 以男性經理人和女性部屬之間的對話來說明。天真的旁觀者可能以為這是兩個「成人型」自我型態對於加班的溝通，但是這兩者之間，無論說話的語氣或臉部的表情在在顯示這其實是「兒童式對兒童式」的溝通。

曖昧型溝通這兩種型態的差異在於起始者對於回應者的控制程度。雙重溝通如果用來調情相當有效，其中一個原因是這讓回應者能夠忽略對方隱藏的訊息，只回應其說出來的部分。這樣的自由度是在曲折溝通找不到的；在曲折溝通當中，起始者試圖利用「家長式」或是「兒童式」的自我來掌控接收者的回應。這是一種負面的操控模式，通常會產生輸贏兩極化的結果。互動式的經理人應該避免這種溝通模式，因為當對方一旦發現這樣的意圖，主管和部屬之間的信賴關係一定馬上或是遲早會瓦解。

互動式管理的目的在讓你的「成人式」自我狀態主導你和對方的溝通。也就是說，在適當的時候把回應從「家長式」以及「兒童式」轉換

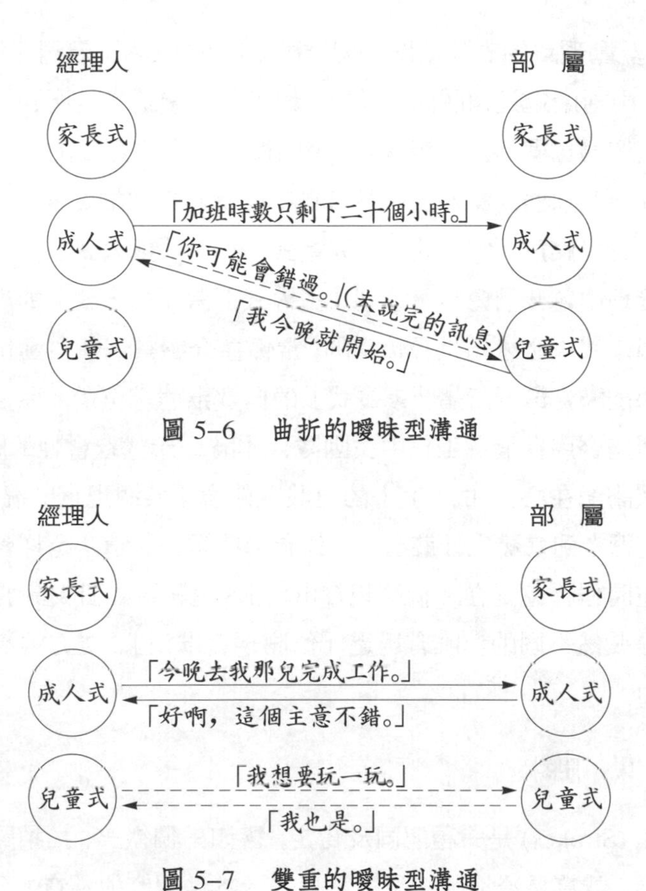

圖 5–6　曲折的曖昧型溝通

圖 5–7　雙重的曖昧型溝通

成「成人式」的自我狀態，並且了解什麼時候該讓「家長式」及「兒童式」自動回應。「適當的時候」正是關鍵所在，這要依情境和對方的需求而定。你必須了解自己的自我狀態，以及這些狀態對你和別人溝通的過程造成什麼影響。

分析前面討論過的四個範圍（行為、互動、童年及感受）能夠讓你更了解自己。而若要充分掌握自我狀態，你必須有能力獲得一些相關資料(關於互動環境的實際狀況)並且準確地加以分析。我們在第四章「決策風格」中討論過這個層面。最後，如果你希望適當的配合對方，避免溝通陷入僵局或關係陷入緊繃，那麼就得了解和你互動的這個人目前屬於哪一種自我狀態。表 5-1 列舉出言語以及非言語的跡象，讓各位更容易判斷對方是屬於「家長式」、「兒童式」還是「成人式」的自我狀態。互動式管理中，我們會盡量達到「成人式」對「成人式」的溝通模式，不過這個模式未必永遠是最恰當的。當你在介紹某個新自動化生產系統的安全功能時，最好訴諸「家長式」的自我狀態。至於「兒童式」的自我狀態則適合用在發掘工作中或團隊合作時好玩或社會性的層面。不過各位應該謹記在心，「成人式」的自我狀態會「偵測現實狀況」。當你停下腳步，思考到底發生什麼事情、你有哪些選擇、這些選擇會造成什麼後果，這時候你就是在「偵測現實狀況」。這和單純針對對方的刺激進行回應是截然不同的。唯有透過「偵測現實狀況」，雙方的溝通才會具有生產力。

安　撫

安撫 (Strokes) 是一種認同及肯定，譬如一個微笑、拍拍肩膀或一句稱讚的話。就算是冷笑或一記巴掌也表示某種程度的注意，至少比徹底忽視要好得多。年輕人寧可遭人訓誡，也不願意被忽視。每一個人都需要安撫，這對身心健康都是必要的。安撫會傳達出這樣的訊息:「我知道你的存在，而且在乎你的感受，所以特地表達出來讓你知道。」

正面的安撫 (Positive Stroke) 能夠讓你對自己的表現和處境感到高興。譬如，拍拍你的肩膀，說句讚美的話。至於負面的 (Negative) 安撫則會造成相反的效果，讓你感到難過。譬如侮辱。

表 5–1　從言語及非言語跡象判斷自我狀態

	聲音及視覺	所說的話
家長式	頤指氣使、搖頭、雙手緊握、雙手抱胸、拍對方的頭或肩膀、頓足、皺眉、雙唇緊閉、不耐煩、嘮叨。 撫慰的觸摸、令人感到安慰的聲音、擁抱。	總是、絕對不、記住、你自己應該很清楚、你應該做得更好、不要。 可憐的傢伙、親愛的、小鬼、心肝、好啦好啦。 又怎麼了、頑皮、笨蛋、噁心、好大的膽子、令人震驚、冥頑不化、荒謬、令人毛骨悚然。 如果我是你的話、可愛、你實在很可悲。 輕率、評估各種類型的反應。
成人式	生動的臉部表情、傾聽、對於對方所說的話有適切的回應。 關切與興趣透過臉部表情及姿態表達出來。 時而冷靜、時而充滿活力，而且時機都很恰當。	為什麼、什麼、哪裡、什麼時候、誰、如何。 替代方案、可能、或許、相對來說。 真正重視他人的意見。 重複對方所說的話，並且確認彼此了解無礙。
兒童式	眼淚、鬧彆扭、發脾氣、高聲尖叫、雙唇顫抖。 不回答、悶不吭聲。 眼睛往下看、咬指甲、裝作不在乎、聳肩。 吃吃的傻笑、跼促不安的扭動身體、舉手要求發言、嘲笑、作弄、激怒。	學小孩子說話、最好、我不在乎、我希望、但願、我想要、我的、不知道。 你看我！難道我做錯了嗎? 沒有人喜歡我。 等對方離開之後才說對方的壞話。 我的比你的大。 哇！天啊!

有條件的 (Conditional) 安撫是指對你的所作所為的認可，而不是對你本身的肯定。有些經理人唯有在部屬表現傑出的時候才會對他們表達肯定。譬如，「當你按照吩咐辦事的時候，我真的覺得你的態度變好很多。」不過，這種有條件的安撫會導致行為缺乏生產力還有輕忽怠慢的後果。一般人都希望自己的「為人」受到肯定，而不是只有「作為」被

肯定。如果你對員工的安撫是出於對他本身的肯定，而不只是針對他的作為，那麼這就是無條件的 (Unconditional) 安撫。無條件的正面安撫能夠營造出彼此的善意，並且發展出互相信賴的關係。

我們必須有彈性的運用自我狀態，「安撫」才能夠成功的奏效。如果事實證明工作的確做得很好，那麼「成人式」自我狀態所給予的有條件肯定就能發揮效果。不過，比較重要的無條件安撫通常來自慈愛的「家長式」或自由自在的「兒童式」自我。當員工感到傷心難過或情況很糟的時候，他最需要的是無條件的安撫。而這也是慈愛的「家長式」自我撫慰人心的最佳時機。自由自在的「兒童式」自我隨興給予的安撫，能夠為雙方帶來好感，而且常有助於建立互相信賴的關係，生產力也會因此提升。

心理狀態

人們小時候所獲得的「安撫」有許多不同的種類，這些差異性產生四種基本的心理狀態 (Life Positions)。這些心理狀態就是你對自己的觀感及你對別人的感覺。你的基本心理狀態也會顯示出你獲得和給予他人的是何種安撫方式。這種環環相扣的行為會強化你的心理狀態。這四種基本的心理狀態如下：

◆我好／你也好

這是最健康的心理。你和對方都能夠用有建設性的方法來解決問題，並且對此感到滿意，從而達到雙贏的局面。

◆我好／你不好

這些人會把自己的問題歸咎於別人，他們不信任別人，甚至於希望「擺脫」對方，有些極端的人甚至會變成偏執狂。

◆我不好／你好

這種人會覺得自己沒有價值，對自己感到失望，並且希望能夠「擺脫」人生的枷鎖（產生退縮或逃避的心理）。

◆我不好／你不好

處於這種心理狀態的人已經覺得人生索然無味，沒有興趣為人生增添任何的色彩。這種心理狀態往往會造成極端的退縮、敵意，甚至於謀殺或自殺。

以上這四種心理狀態都在圖 5–8 中有很清楚的說明。如果你的「兒童式」自我狀態來自於「不好」的心理狀態（譬如，陰沉的人或是失敗者），那麼你會比較容易接收到負面的訊息，而無視於正面的安撫。你可能會覺得自己不值得人們稱讚，因此對正面的肯定充耳不聞，甚至於自己去找負面的訊息。

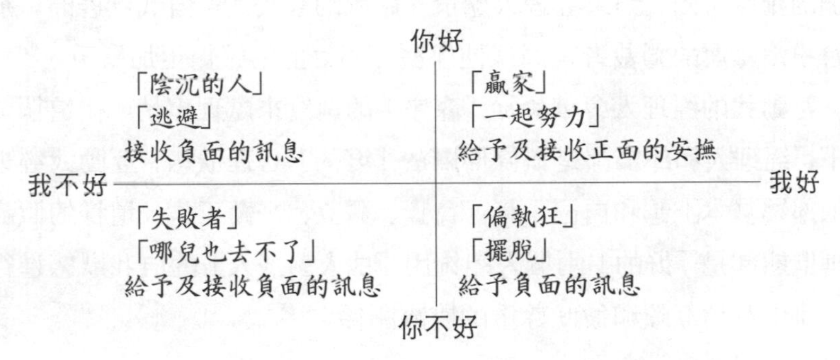

圖 5–8 四種基本的心理狀態

如果你是處於「我好」的心理狀態（也就是「贏家」或是「偏執狂」），那麼你可能會比較容易吸收正面的安撫。贏家已經累積了正面安撫的能量，對自己相當滿意，因此他們很容易接收來自別人的正面評價，而且也會協助他人找到自信。

如果你覺得自己的所作所為或是感受並不屬於「贏家」的類型，其實還是有補救的辦法。雖然兒時所累積的「不好」的負面訊息無法完全消除，但你還是可以降低這些負面記憶的「音量」，並且以「成人式」自我狀態來偵測現實狀況，找出自己或是別人以「兒童式」及「家長式」自我丟給你的負面訊息。有了這樣的認知，「成人式」自我狀態能夠把以往的感受（被掌控）擺到一邊，並且以「成人式」自我的方式來加以回應。

把這些理論套用在管理風格上，傳統或技術性的經理人往往會假設部屬是「不好」的小孩——依賴心重、沒有責任感、只想玩樂。因此技術性的經理人會以「家長式」自我的方式來對待部屬，譬如加緊控制、賞罰分明和建立權威。當經理人處於「慈愛的家長式」自我狀態時，他可能會保護部屬，結果造成部屬依賴的心態，使得「不好」的心理狀態更加的根深蒂固。如果經理人處於「嚴厲的家長式」自我狀態時，那麼他會扮演嚴厲的獨裁者，同樣使部屬「不好」的感覺更加嚴重。

互動式的經理人會積極從「贏家」的角度來處理事情。在這個前提之下，經理人和部屬都是無條件屬於「好的」心理狀態。互動式經理人相信部屬基本上都和自己一樣，負責、獨立、辛勤工作。這樣的假設讓心理狀態都是「好的」兩個人能夠用「成人對成人」的自我狀態進行互動，產生互信互賴和彼此尊重的雙贏關係。

戳章的累積

情緒的累積就如同去買東西可以蒐集商店戳章一樣，當你的情緒或是感受累積到一定的程度，你會拿來「兌換獎品」。當你的戳章累積到一個數量，就可以用來兌換免費的禮物。這裡說「免費」的意思，是指你不會因為拿了這個禮物而感到內疚，或是指你有權利去做平常不會做的事情。

我們把吸收負面訊息的人叫做「棕色戳章」(Brown Stamp) 蒐集者。如果你和對方的溝通過程中一直沒有機會表達自己的感受（也就是抒發情緒的機會），你會累積一個或是很多個棕色戳章（至於多寡就要看情況的嚴重情形而定）。譬如，你幫某人做了些事情，但是對方卻忘了向你表達謝意，這可能會留下一個「棕色戳章」（不好的感覺）。如果你遭到別人的侮辱，那麼可能會留下十個「棕色戳章」。當這些「棕色戳章」累積到一定的數量時，你會覺得自己再也無法忍受，結果可能會以肢體衝突或是辭職不幹（也就是用這些戳章去兌換「禮物」）收場。

部屬所累積的「棕色戳章」縱然只有一小部分是經理人所留下的，但不幸的是，部屬往往是找經理人來「兌換」這些累積的負面情緒。部屬最常見的「兌換」方法是：工作品質低落，甚至於故意破壞工作成果。縱然部屬需要、也想要高品質產品所帶來的好處，這樣的情況依然會發生。了解這個道理之後，互動式經理人務必要謹記以下兩個重點：

1. 不要故意給部屬留下「棕色戳章」。
2. 以具有建設性的方法，讓部屬能夠清除累積下來的「棕色戳章」。

要如何誠心誠意的提供正面安撫，只要了解箇中訣竅就能輕易的避免留下「棕色戳章」，這可以說是最簡單，也是最好的一個方法。此外，了解如何讓部屬的情緒有疏通的管道（也就是用有建設性的方法，讓部屬能夠每次兌換一些「棕色戳章」），也是互動式管理的重要技巧。我們會在稍後的章節深入探討這些技巧與方法。

不過，當對方深陷於「我不好」的心理狀態時，就算你試圖給予正面的安撫，也未必會被接受。這種人甚至於會故意激怒別人，吸收別人的負面訊息。如果你碰到這樣的情況，盡量不要順了對方的意。各位要記住：每個人都需要安撫的力量，如果有些人汲汲於蒐集「戳章」，那麼盡量給予正面安撫（也就是「金色戳章」）可以有效協助對方走出「失敗者」的心理狀態，蛻變成為「贏家」，而且雙方的關係也會更有生產力。

贏家（也就是屬於「我好／你好」心理狀態的人）本來就對自己感到很滿意，沒有必要蒐集戳章，或是把這些戳章當作自己行為和感受的藉口。不管是誰試圖留下棕色戳章，「贏家」都不會接受。相反的，他們會試著了解對方為什麼會有這樣的心理狀態，並且思考如何解決問題。譬如，有個秘書因為業務報告的首頁打錯三個字而遭到責備（「家長」對「兒童」），但她並沒有一味的道歉，或是感到內疚（「兒童」對「家長」），相反的，她這麼反應：「瓊斯先生，我知道你對這些錯字很不滿意。如果您等個一分鐘，我可以馬上更正，並且將報告送到會議室（「成人」對「成人」）」。

時間的利用

對時間進行組織是一種基本的人性需求。如果時間沒有組織，我們會覺得枯燥乏味，而且無法獲得我們需要的「安撫」。以下介紹六種組織時間的基本方法，透過和別人的互動獲得及給予安撫。你會用哪種方法來安排大多數的時間則要看你的基本心理狀態（好／不好）而定。

◆親密 (Intimacy)

溝通雙方都屬於「我好／你好」的心理狀態時，彼此才能夠無條件的接受及關心對方，並且在坦誠的關係中互動。不過由於我們無法和每個人都達到這樣的親密境界，而且我們也不會永遠都處於「好的」心理狀態（也就是認為自己值得別人關愛），因此大多數人都把絕大部分的時間花在其他五種組織時間的方法上。

◆退縮 (Withdrawal)

有的時候縱然我們在身體上和對方很親近，但是心理上卻依然相隔萬里。「退縮」也就是指雙方沒有溝通、交流。如果談話內容無聊，而且跟自己沒有切身的關係，那麼你可能會開始做白日夢或是幻想，來逃避這個枯燥的對話。透過這種方法，你可以退縮到自己的想像世界，藉此獲得更好的撫慰。

◆儀式 (Rituals)

儀式是用互動的行為和對方交流，並且獲得安全、熟悉的結果。「哈囉，你好嗎?」「我很好，你呢?」之類的招呼語是我們都會採用的交流儀式。每一個句子都含有一種表示認可的安撫，而對方的回應則是在我們的預期之中。如果不是這樣的話，我們會認為對方沒有禮貌或不友善。

◆活動 (Activities)

我們會從事各種活動來完成任務，譬如工作、讀書和規劃。這些活動不需要和別人達到「親密」的境界，但是能夠提供我們獲得安撫的管道。

◆娛樂 (Pastimes)

我們會透過娛樂這類社會性的方法和別人彼此交換「安撫」。譬如，比較不同車款的性能、討論體育賽事，或是談論在派對上發生的事情以及最新的流行風尚等等。對某些人而言，這是一種很有趣的方法，可以讓他們認識更多的人，嘗試不同的角色並建立新的關係。然而，有些人則是將此視為逃避親密的方法。

◆耍花招 (Games)

如果你和對方交流時不坦誠以對，你就是在和對方玩遊戲、耍花招。就算交流過程看起來很順利，但是你說的話其實有絃外之音，故意讓對方覺得矮你一階，或是讓對方感到憤怒。譬如，經理對秘書說：「這份報告我自己來校對，這些客戶的東西可不能再出錯了。」當人們在耍花招的時候，他們的所作所為可能會對所屬的組織造成相當負面的後果，譬如窒礙難行、犯錯、推諉責任以及挑別人的毛病。耍花招的行為具有非常大的殺傷力，影響所及，無論人或組織都無法成為「贏家」。

遊　戲

雖然心理遊戲也跟大富翁或西洋棋一樣，各有各的規則、策略，也都會產生贏家、輸家，但是人們通常不是為了好玩或娛樂才「玩」這些心理遊戲，而且「玩」的態度都頗為嚴肅。只要是曾經「玩」過股票或認真「玩」過撲克牌的人都知道輸家的感受。遊戲其實就是一連串重複、互補、不值得信賴的交流，結果則在預料之中。人們在玩遊戲的時候各有各的心機，因此遊戲基本上就是不誠實，而且目的在操縱他人。一般來說，人們通常會利用「玩」這種方法犧牲別人，讓自己獲得想要的肯定。不管玩的是什麼，基本上都不脫以下這幾種型態：

1. 參與交流的人似乎都有正大光明的理由（譬如，為了確保報告的品質）。
2. 話中有話，彼此還會交流一些秘密的訊息（譬如「要不是你的話……」、「有本事就踹我啊!」）。
3. 等到勝負揭曉，其中一方感到高人一等，另外一方則覺得遭到打壓，兩方都會留下一些「戳記」。
4. 雙方的「成人式」自我狀態往往沒有意識到自己處於遊戲之中。

我們可以從結局來判斷自己是否處於遊戲之中。如果你和對方的互動結果讓你覺得很不舒服，而你也知道這是自找的，那麼你很可能早就身陷遊戲中而不自知。同樣的道理，如果你覺得你「贏了」，但是卻覺得勝之不武，那麼你可能是用了不公平的手段操縱對方。

遊戲參與者通常扮演著三種角色：第一，受害者 (Victim)，第二，迫害者 (Persecutor)，第三，解救者 (Rescuer)。在同一個遊戲當中，參與者可能會在這三種角色之間相互變換。譬如，經理（迫害者）在嚴厲批評部屬（受害者）之後可能會有優越的感覺，但是接著他又出於內疚而試圖「解救」對方。這時候部屬（受害者）可能會轉變為迫害者，氣憤的告訴經理（解救者）他不需要任何協助，使得經理由「解救者」變成「受害者」。

經理人以及部屬會出於各種因素而玩些花招，這可能是為了躲避信賴關係、為了獲得安撫、為了舒緩壓力，或是為了重新獲得自主權。如果部屬不肯對你坦誠，反而和你大玩遊戲的話，這可能表示你並沒有好好利用互動式管理的技巧。

如果部屬是為了獲得肯定而耍些花招的話，這可能表示你並未以言語或非言語的溝通技巧給予他們所期待的肯定。如果部屬是為了舒解壓力而變變花樣，那麼你可能誤判了他們的「風格」，而且沒有根據每個人的需求來調整互動的方式。還有一個可能是，你對他們施加太多的壓力。如果部屬為了重獲自主權而和你大玩遊戲，那麼你掌控和干預決策的程度可能太高了。最後，如果他們試圖耍些花招來逃避和你建立信賴的關係，那麼原因有可能是前述的任何一項，也可能只是因為你的負面形象讓人避之唯恐不及。你的形象（譬如，握手的方式、說話的語氣、穿著的衣服、肢體語言或知識的廣度和深度等等）也許會使得員工對你敬而遠之，不願意受到你的影響。

經理人對部屬的期望也會助長這種風氣。若是表現不佳就遭到嚴厲處分的話，員工就會大玩推諉責任的遊戲（受害者／迫害者）。如果經理人鼓勵激烈的競爭，那麼底下的人就會爭相挑毛病（迫害者／受害者）或是大玩「打壓別人」(One-Upmanship) 的遊戲。經理人要是把自己視為「解救者」，自動淪為「受害者」的員工就會有被迫配合經理人玩遊戲的感覺。

以下列舉出幾個經理人和部屬之間常見的「遊戲」。經理人和員工之所以會玩起遊戲，其實雙方都有責任，不過以下的例子則是假設遊戲都是由部屬起頭的。艾瑞克・伯恩 (Eric Berne) 在暢銷書《人們玩的遊戲》(*Games People Play*) 一書中還列舉出許多其他的遊戲，各位讀者可以參考。

1. **要不是你的話 (If It Weren't for You)**：部屬會利用這樣的手法把自己的問題推到別人身上（可能是推給別的員工或是推給經理）。這種「推諉責任」的行為可能會以下面的型態展現：「要是產品品質好一些的話，我的業績就不會那麼難看。」

2. **看你做的好事 (See What You Made Me Do)**：這是另外一種推諉責任的手法，在這種遊戲中，部屬雖然承認自己犯了錯，但是她卻怪罪經理：「你要我看你怎麼打字，結果反而害我犯錯。」

3. **終於逮到你了，你這個渾蛋 (Now I've Got You, You S.O.B.)**：在這個遊戲中，部屬試圖「逮住」經理犯錯的把柄。部屬「幹掉」主管之後，會覺得自己高人一等，或是覺得終於扳回一城。「我查過設計圖，結果發現你的機械設計錯誤；你雖然身為經理，但是也未必十項全能。」

4. **雞蛋裡挑骨頭 (Blemish)**：玩這種遊戲的人特別會挑一些雞毛蒜皮的小錯誤，譬如：「我發現你今天提早五分鐘午休，你不是說中午吃飯之前，只要我們需要，你都會過來幫忙的嗎?」

5. **自投羅網 (Bear Trapper)**：在這個遊戲中，你在部屬的引誘之下自投羅網，然後發現自己身陷僵局而進退兩難。譬如，有個員工要求禮拜五休假，好去參加一個特別的划船比賽。在你答應她之後才赫然發現，原來另外還有五個員工也要做同樣的要求。

6.**鷸蚌相爭，漁翁得利 (Let's You and Him Fight)**：在部屬巧妙的操縱、安排之下，主管和另外一名主管或是某個員工為了某些東西而僵持不下，結果只有這個部屬獲得好處。當互相爭鬥的雙方分出勝負之後，暗地操控的部屬便能夠贏得某些好處（譬如加班津貼、工作任務、假期等等）。

7.**對，但是…… (Yes, But...)**：這是部屬和經理人以及員工和老闆之間最常見的花招。在這樣的遊戲中，參與者似乎為了解決問題而徵詢意見，但是無論提供什麼意見，全部都被打了回票，他們會藉著這樣的手段來貶低經理人或是其他員工。

8.**逼至牆角 (Corner)**：在這樣的遊戲中，你會被部屬逼到牆角，無論你怎麼做似乎都不對。部屬可能還會抱怨他們沒有足夠的發揮空間；但是如果照著他們的意見做，而他們卻犯了錯的話，他們則會說你沒有給他們足夠的指引。這種被逼到牆角的「受害人」通常會感到「不管做不做，都會被批評得體無完膚。」

9.**爆發 (Uproar)**：一開始可能是一句嚴厲的批評，暗示「你不好」的負面訊息。這樣的批評通常會引來自衛性的回應，不過「迫害者」會繼續施壓，一直到爆發嚴重的言語衝突，最後雙方的感情破裂，而且漸行漸遠。

10.**打帶跑 (Rapo)**：在這樣的遊戲中，員工會先拿出一些誘餌，只要對方一上鉤，她就會斷然拒絕，並且加以詆毀。譬如：有個秘書和老闆一起加班到深夜，工作結束之後，她對老闆擺出撩人的姿態，並閃動著長睫毛，但是當老闆開口邀她去喝一杯的時候，她卻斷然拒絕，指責老闆心懷不軌，並且把門甩上，掉頭就走。這種遊戲大多數帶有性的意味，不過員工對老闆陽奉陰違的情況也屬於這類的遊戲。譬如開會的時候員工對老闆所說的話不斷點頭稱是，讓老闆誤以為他很認真，但是到了執行階段，卻用各種理由推託拒絕配合。

11.**法庭 (Courtroom)**：玩這種遊戲的人通常從小就知道應該怎麼做才能夠讓家長或是權威的一方站在他這邊，一起反對他的對手。部屬（原告）可能會去跟他的主管（法官）告狀，數落他同事（被告）。透過這種操縱的過程，你可以讓其他人加入你的陣營，共同打擊對手。

12.**踹我呀 (Kick Me)**：玩這種遊戲的人會用言語或是非言語的形式挑釁，刺激對方反擊。譬如部屬激怒主管，讓主管炒他魷魚，這個員工就是在玩這種「踹我呀」的遊戲。

13.**可憐可憐我吧 (Poor Me)**：在這樣的遊戲中，部屬自認為孤立無援，絲毫沒有改善處境的能力。譬如，員工雖然滿嘴的牢騷，但是卻不做任何努力來改善情況，這種人就是在玩「可憐可憐我吧」的遊戲。

14.**我很忙 (Harried Executive)**：這種人會自行安排、分配工作上的時間，只要一直保持忙碌，他們就會覺得自己很「好」。許多主管以及組織為了追求生產力，無形之中助長了這個風氣。但是這種遊戲也會產生負面的影響，員工可能得「玩」到身心俱疲，別人才會注意到他們的努力。現在有不少公司已經注意到這個嚴重性，並且相當重視減壓的訓練，重新教導員工如何均衡安排時間，不論是獨處、工作、休息或是和別人相處都務求平衡。

這些心理遊戲都會對組織以及組織裡的人造成負面的影響。他們會把全部的精力花在過去對自我的認知或是對別人的觀感上，浪費時間尋找或釋放負面的訊息，而且老是話中有話，行為也會有偏差，而不再是用誠實、信任的態度來和別人相處。

唯有放棄玩這種心理遊戲，人們才能夠以更加坦誠、公開的態度相處，形成互信互賴的關係，也唯有在這樣的背景之下，他們才能夠專心的解決公司所面臨的問題，而不是把時間花在保護自己，免得在人際關係的遊戲中受到傷害。公司也能夠因此輕鬆節省大量的經費和時間，員工則會對自己和他人都抱持更美好的看法。

拒絕再玩

只要你們拒絕加入，這些遊戲自然玩不起來。如果你是帶頭者，那麼你可以拒絕接受這場遊戲帶來的好處。如果是由別人起頭的，那麼你可以選擇不要「上鉤」，不要讓對方如願獲得他們想要的結果。除此之外，還有一些各位可以使用的技巧，阻止別人和你玩遊戲。

1. **出乎意料之外的反應**：做些對方始料未及的事情，譬如：不接受或不給予負面的結果，或乾脆拒絕參與，這些都是阻止遊戲的典型做法。雖然這並不表示對方就會從此收手，不再和別人玩遊戲，但如果收不到效果，至少他就不會再煩你，轉而去找其他的目標。

2. **擺脫角色的包袱**：先前在討論自我狀態的時候曾經介紹過四個判斷自我狀態的簡單方法，也就是分析自己的行為、和別人的關係、童年以及感受。同樣的分析方法也可以用來判斷你是否下意識地在某個遊戲中參了一腳，並且也把別人拖下水，和你在遊戲中互動。透過這樣的分析，你可以了解自己有哪些行為或感受會促使別人以「受害者」、「迫害者」、「解救者」的角色和你互動。如果你發現自己很容易不知不覺地扮演起這幾種角色，那麼你可以運用你對這些過程的了解來抵抗，並且將行為維持在「成人式」自我狀態的水準。

3. **不要再彼此詆毀**：玩這種心理遊戲，總會有人遭到貶低（可能是你自己或別人）。其實只要不再挑毛病、貶低別人，大多數的遊戲都自然會結束。只要你不再強調個人的缺點、不再累積棕色戳記，那麼這些殘餘的部分也會無疾而終。與其讓別人給你累積負面情緒（憤怒、內疚或低潮）的藉口，還不如把這些負面回應視為他們自己的問題，並且嘗試診斷他們起頭的遊戲。

4.**給予及接受正面的安撫：**不再玩遊戲意味著以往這些遊戲所提供的「安撫」會出現真空狀態。你們可以透過「儀式」以及「娛樂」來為自己跟他人創造更多的正面安撫。你們可以討論彼此最喜歡的餐廳、運動或是嗜好，這些話題都會有所幫助，不過無論討論什麼話題，你都得判斷什麼時候該踩煞車。

在各種活動中投入更多的時間，以提高生產力，這樣的做法能夠讓參與者獲得更多的肯定，特別是如果這些活動是具有創造性的嶄新發展，參與者更能藉此提升自己的潛能。

最後，在別人的工作表現很好時適時給予肯定（如果只是因為關心對方而給予正面的安撫，效果會更好），能夠產生直接，而且具有生產力的關係。如果正面安撫獲得回報（一般來說都會獲得回報），那麼正面的感受就會隨之形成，彼此的信賴程度也會跟著升高，雙方的關係將會更有生產力。

干　預

干預 (Interventions) 發源於「成人式」自我狀態。這些技巧能夠協助各位打破遊戲模式並進入比較具有生產力的「成人式」交流。在此列舉幾種最有效的干預方法：

1.**坦誠以對 (Leveling)：**這裡所說的「坦誠以對」是指向對方傾吐你的感受還有你對彼此互動的看法。其中有些是正面的感受，有些則是負面的觀點;有些關於具有生產力的行為,有些則是關於破壞性的行為。就前者而言,坦誠通常能夠提升雙方的親密程度。對後者來說,坦誠以對能夠撥雲見日,幫助雙方退出沒有生產力的遊戲。

2.**開放性的問題(Open Questions)**:所謂開放性的問題,就是讓對方能夠以「成人式」的自我狀態來回應的問題,這樣的問題有時能夠產生嶄新、具有建設性的觀點。譬如,「對這件事你最擔心什麼?」或「你對解決問題有什麼打算?」之類的問題,而不是故意讓對方「中計」的問題。

3.**釋義(Paraphrasing)**:聽完對方的話之後,用自己的方式再說一遍,這樣能夠讓對方了解他的話由你說出來會呈現什麼面貌。這是一種非遊戲的回應,有時候能夠讓玩遊戲的人了解最新的發展,並且有機會用比較有生產力的方法重新修改措詞。

4.**要求確認(Asking for Confirmation)**:詢問對方如何解讀你所說的話,這樣的做法也能避免對方給你遊戲性質的回應。最起碼你可以知道對方是否了解你的意思,如果必要的話,也有機會可以澄清。這個方法會促使對方用「成人式」自我狀態來思考,降低用「兒童式」自我來回應的衝動。

5.**對質(Confrontation)**:如果直指玩遊戲的人前後不一或不誠實之處,除非有人自願提供資料,不然就要握有足夠的證據,否則這樣開門見山的指控很難奏效。這是一種風險很高的技巧,若是措詞不當或時機不對,很可能會引起對方的反撲。但是藉由說個小故事點出問題的核心,通常能夠淡化一些火藥味,對方也比較不會訴諸「兒童式」或「家長式」的自我狀態,採取自衛的防禦行為。

人際溝通分析與互動式管理

互動式經理人所追求的理想關係應該是和部屬以「成人對成人」的層次進行互動。這是一種互補的溝通交流，彼此不玩遊戲、不耍花招。這個關係當中由於有誠懇、正面的安撫，因此幾乎不會留下任何棕色戳記。部屬與經理人雙方都會產生「我好／你好」的心理狀態。他們會感覺到很安全、被接納、被信賴。每一個人都能夠公開、坦誠的表達自己的憂慮或者壓力。雙方都能夠從這個理想的關係中獲得好處，因此雙方皆是贏家。

分析錯綜複雜的人際關係雖然很有趣，而且深具啟發性，但是各位並不需要成為人際關係分析的專家。不過了解三種自我狀態（家長、成人、兒童）及其價值，能夠協助我們更加了解自己的感受和行為，同時也能讓我們對別人的感受及行為看得更加透徹。

認識了解你和他人的互動及這些行為透露出的意義固然很有用，但是還是不夠。在進行管理的時候，還需要將這些認知付諸行動才行。各位需要不時的溫習先前介紹過的各種程序，諸如判斷自我狀態、決定適當的溝通交流模式、獲取與維繫「好」的心理狀態、用正面的心態來面對情緒的累積以及終結心理遊戲等等。以下介紹幾個指導原則，讓各位可以將人際溝通分析成功的運用在互動式管理風格中：

1. 建立一套跟得上時代的價值觀，並且將這些價值觀烙印在心裡，在適合的時機會自動浮現出來。其實這就是重新教育你的「家長式」自我狀態。

2. 縱然別人的行為讓你有股衝動要訴諸「家長式」、「兒童式」的回應，但無論如何要把這股衝動緩和下來。如此一來你的「成人式」自我狀態才有時間釐清情勢，而不至於受到「家長式」、「兒童式」自我狀態的干擾。

3.對於別人的「兒童式」自我狀態要保持高度的敏感度。更重要的是為對方「不好」的兒童式自我狀態伸出援手，協助對方卸下這樣的負擔。體認對方渴望支援的需求，並且提供他們所需的正面安撫。

4.對於他人的「家長式」自我狀態保持高度的敏感度，而且處理的態度要讓對方心服才行。這通常是來自「成人式」或是「兒童式」的回應。

5.接受並肯定「兒童式」的自我狀態。在適當的時候，釋放你心中充滿創意又熱情洋溢的「兒童式」自我。當憤怒、令人討厭的「兒童式」自我狀態居於主導地位的時候，要能夠察覺並且用正面的安撫力量來緩和這種負面的行為。

6.學著如何辨認「家長式」自我狀態。以「成人式」自我狀態來判斷「家長式」的訓誡與偏見。學習在適當的時候善用「慈愛的家長式」自我狀態。

7.當部屬出現懷疑心態時，立即給予安撫，讓他們覺得自己很重要。問問自己這個問題：「我是否體諒、關懷對方，並且有分享的雅量?」

8.努力和別人建立具有生產力的關係。協助他們建立穩健的「成人式」自我狀態。和別人互動時主要採取「成人對成人」的態度——坦誠、公開、信賴、關懷，並且配合所處的情勢。

9.對於自己及別人都要保持高度的靈敏度、觀察力以及開放的心胸。

本書稍後還會介紹許多寶貴的技巧，協助各位更精確的管理與他人之間的關係。不過話說回來其實各位對於人際溝通分析以及風格差異性的了解已經足夠著手有效的管理了。

參考文獻

BERNE, E., *Transactional Analysis in Psychotherapy* (New York: Grove Press, 1961).

BERNE, E., *Games People Play* (New York: Grove Press, 1964).

BERNE, E., *What Do You Say After You Say Hello?* (New York: Grove Press, 1972).

CAMPOS, L., and MCCORMICK, P., *Introduce Yourself to Transactional Analysis* (Berkeley, Calif.: Transactional Pubs., 1972).

HARRIS, T., *I'm OK—You're OK: A Practical Guide to Transactional Analysis* (New York: Harper & Row, 1969).

JAMES, M., *The OK Boss* (Reading, Mass.: Addison-Wesley, 1975).

JAMES, M., and JONGEWARD, D., *Born to Win*. (Reading, Mass.: Addison-Wesley, 1971).

JONGEWARD, D., *Everybody Wins: Transactional Analysis Applied to Organizations* (Reading, Mass.: Addison-Wesley, 1973).

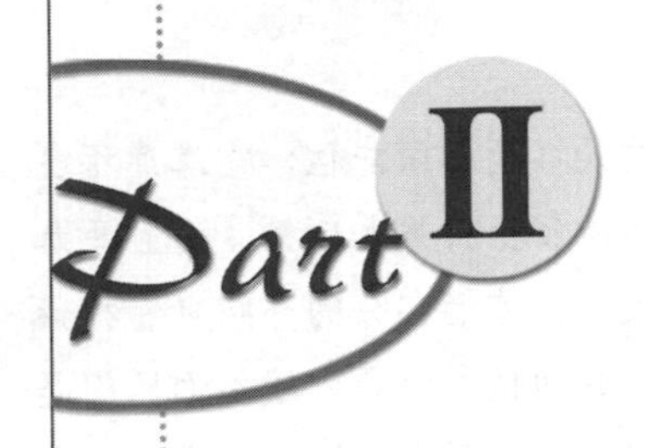

互動式溝通的技巧

你和別人溝通的成效如何?如果要給自己打分數(最低為 1 分，表示極度缺乏效率，最高是 10 分，表示有高度效率)，你會給自己的溝通效率打幾分？而和你溝通的對象會給你幾分呢？你是否深信自己不用做個有效的溝通者，照樣可以當個成功的經理人呢？答案是否定的！各位得記得，管理的定義是透過他人的力量完成工作。如果無法準確的溝通，讓對方了解到底應該做些什麼，試問要如何完成工作？而且，就算能夠正確無誤的下達溝通指令，但是如果方法別人感到不舒服或厭惡、排斥，工作可能還是無法順利或如期完成，即使工作完成了，也有可能錯誤百出，或暗中遭到破壞。正確無誤、有效、開放性的溝通是否攸關著管理他人的成敗？這個答案絕對是肯定的。

各位是否有過溝通破裂的經驗？對方誤解你的意思，而你也誤解對方所傳達出來的訊息？溝通時的用字遣詞是否曾經被錯誤的解讀？別人是否曾經對你所說的話抱持著「不信任」的態度？你是否曾經因為對方不當的措詞及說話方式，而對他們所傳達的訊息打了很大的折扣？如果你以上的答案全部（或是任何一個）都是“Yes”，那也沒有必要驚惶失措。我們每一個人多多少少都會碰到這樣的狀況。然而，重要的是各位必須記住：在溝通不良的情況下，這些問題會比溝通順暢時發生得更加頻繁，而且更加的嚴重。就算你自認不是溝通的人才，這個部分的介紹也會提供你重要的技巧，讓你能夠更有效率的和他人溝通。縱然你已經是非常高竿的溝通者，本書也能夠讓你受益匪淺，更為精進。各位繼續讀下去吧！

「請你告訴我，我應該選擇哪一條路?」
「這要看妳想要到哪裡去。」這隻貓回答說。
「其實去哪兒我並不在乎。」愛麗絲說道。
「這樣的話，那妳選擇哪一條路都無所謂了。」這隻貓回答說。

——《愛麗絲夢遊仙境》，路易斯·卡羅爾 (*Lewis Carroll*)

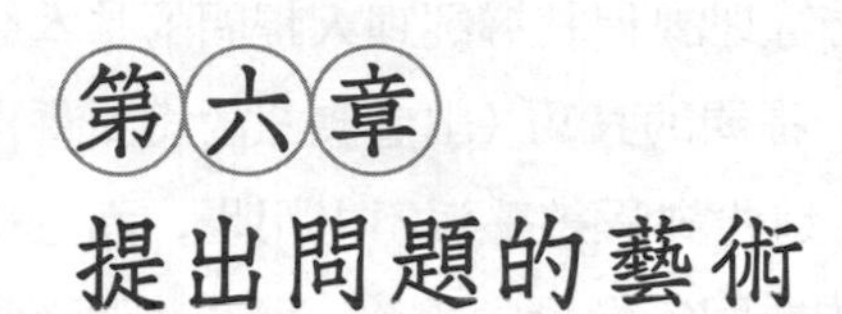

第六章 提出問題的藝術

誠如《愛麗絲夢遊仙境》中這段對話所顯示的，如果一個人對於自己要到哪裡，或途中可能面臨什麼問題和障礙都不知道的話，那麼他可能永遠也到不了。甚至於他可能根本就不會嘗試靠自己的力量到達目的地，除非有人伸出援手，指引他應該何去何從。各位身為經理人，這個角色正是指引部屬的力量。在你的指引之下，他們才能夠到達最終的目的地也就是達成個人及事業目標。在經理人溝通技巧的寶庫中，最重要、最有價值的工具便是提問的藝術。經理人在恰當的時候提出適當的問題，為他的部屬提供最大的協助，這種能力是互動式管理中不可或缺的重要關鍵。有技巧的提出問題，能夠協助員工「打開心胸」，因此讓經理人的工作在無形中簡單許多。員工會覺得可以自在的透露心中的感受、動機、需求、目標、目前的狀況以及所渴望的事物。經理人對員工的內心世界多一份了解有助於指引員工達成個人、事業以及公司的終極目標。這種「蘇格拉底式」的方法，能夠讓員工自行發掘其目標和目的、找出潛在的問題及可能面臨的障礙，並且自行設計行動方案。這種由員工自己發掘的方法可以提升員工的使命感，對執行新方案更加投入，順利的達成個人、事業和公司三方面的目標。這種方法不但為經理人帶來的好處，也使全體員工更團結、了解更加透徹、團隊合作更有效率、生產力也更為提升。

幾乎沒什麼人會教如何提問的技巧。儘管提問的技巧對於經理人而言是個非常重要的工具，但是很少有管理課程教導經理人提問的基本原則。法學院可能會教導學生在法庭上提問的技巧（出庭應訊的證人誓言必須回答問題），但是在法庭之外，這些課程幾乎派不上用場，而且也不恰當。人們在法庭之外的世界裡沒有回答問題的義務，因此我們必須學習如何透過有技巧的提問來獲取有用的資訊。

有效率的提問可以說是所有商業界人士都應該擁有的技巧。不過對於經理人而言，這是工作中不可或缺的關鍵。利用有技巧的提問引出關鍵性的資訊，這種能力可以讓經理人大幅簡化工作，而且讓員工的工作也輕鬆許多。最高竿的經理人會利用問題讓員工「打開心房」，如果你的員工向你傾吐目前的困擾，你會比較清楚應該提供哪些協助，讓他們的工作能夠更有效率的進行。當你和員工雙方對於目前的處境及目標都有了透徹的了解之後，你就可以積極尋找可行的解決方案，讓員工和公司的目標都能夠獲得滿足。

不論你是和誰互動，或針對什麼樣的問題，你都必須知道應該問些什麼問題才能夠順利獲得所要的資訊。這可以說是最困難的部分，你不但得知道應該問些什麼，而且還得知道應該如何提問（特別是如果這些問題涉及個人隱私）、什麼時候問以及向誰問才能夠獲得最正確的資訊。

本章包括三大部分：第一個部分主要是探討人們為什麼會提出問

題，這個部分的討論能夠讓各位更加了解在不同的情境之下應該如何利用提問這個技巧。第二個部分則探討不同的問題類型。最後一個部分討論策略及技巧。這些都是如何提問的特殊竅門。看完本章所提出的理念並實際運用之後，各位應該能夠更巧妙的從他人身上獲取重要資訊，而且不至於讓對方感到不自在或不愉快。

人們為什麼提出問題？

提問最重要的功能在於促進溝通。透過問題的詢問，你等於是打開了溝通的渠道，並且開啟言語上的交流。一旦你開始提問，而且溝通的渠道也已經打開時，你所提出的問題可能會出現新的功能。雖然促進溝通的功能不變，但是你可能還會以這些問題為工具來滿足其他的目的。人們為什麼會提問？以下這幾項常見的功能可供各位參考：

◆蒐集資訊

人們會利用提問來確認某些資訊——員工個人及事業上的目標、職業生涯上面臨的問題、動機和表現等等。經理人如果針對這些重點提出問題往往特別有幫助。當員工訴說他們的需求、目標、目的、困擾以及目前的處境時，你可以更加了解哪些地方令他們滿意，哪些地方則是他們感到不滿的根源。你可以直接了當的詢問員工一些和他們切身有關的問題，透過這樣的問題，你可以讓他們的處境獲得改善，而且根據這些問題所提出的建議也更能夠切中員工的需求。

◆找出動機並獲取獨到的見解

透過問題的協助，各位可以判斷員工思考的參考標準。了解員工的看法能夠讓你更輕易地找出適當方法來提出建議。各位務必要了解員工想法背後的動機和目的，這是非常重要的。如果觀察力夠敏銳的話，你便能夠清楚的看出來，並且透過這些了解協助員工根據自己的動機和目的進行腦力激盪、產生各種點子。事實上，各位的工作便是透過問題的詢問獲取員工的看法，然後提出（或協助員工提出）能夠滿足他們與公司需求的建議方案。

◆給予資訊

「你知不知道我們有進修補助計劃?」當你詢問這樣的問題時，其實就是在提供資訊。你想要員工知道某件事情，因此以問題的型態來告知對方。這種類型的問題相當獨特，至於答案（如果有的話）就沒那麼重要了。而且你想要傳達給員工的訊息其實不止公司的進修補助計劃，在這個訊息的底下（公司有進修補助計劃），你企圖傳達出公司關心員工的善意。這樣的問題有助於強調某些情勢的特殊層面。不過，各位在運用這類問題的時候必須避免讓員工感覺你在操縱他們，這樣會讓他們認為自己被玩弄。也不要用空泛、模糊的說法來攏絡員工。

◆鼓勵員工參與

有的時候你會碰到一些很難溝通的員工，他們好像永遠縮在自己的世界裡。你得把他們從自己的世界裡拉出來，並且鼓勵他們和你交談，這樣你才能清楚了解他們的目標、目的及現在的處境。如果詢問太過私人的問題可能無法奏效，就算成功，你也得花很多時間思考應該問哪些問題才能夠讓你獲得需要的資訊。在這種情況之下，開放性的問題會比較有用，不過要找到員工有興趣討論的話題並不容易。此時，優秀的互動式經理人就能將本身的經驗與獨到見解派上用場。有效率的經理人能夠根據過去工作的經驗，判斷出應該如何進行。當你和員工之間的障礙一旦破除，雙方之間的信賴開始滋生，這時候就可以繼續鼓勵對方參與解決問題的過程。這樣做除了要確保員工真的了解，而且也是為了提升員工的參與度，因為參與的程度越高，員工對於工作會越加投入，不管你們共同開發出什麼樣的解決方案，員工也會更有意願投入執行的層

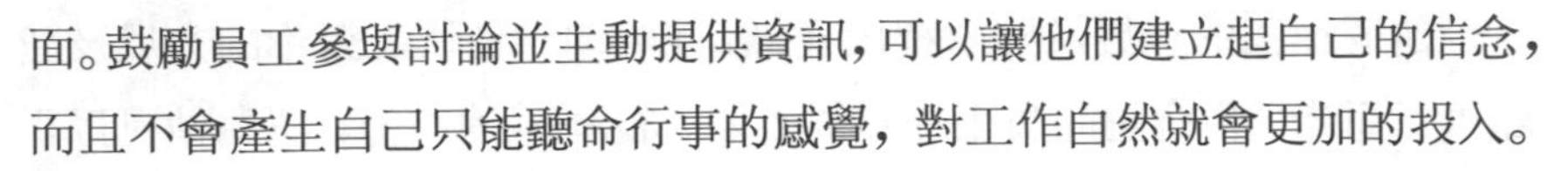

面。鼓勵員工參與討論並主動提供資訊，可以讓他們建立起自己的信念，而且不會產生自己只能聽命行事的感覺，對工作自然就會更加的投入。

◆確認了解無誤及表達興趣

問題能夠提供重要的回應，讓雙方確認這種雙向溝通正確無誤。這樣的回應可以讓你確認是否正確的掌握了員工所傳達出來的訊息——包括感受和訊息的內容。而且，這可以讓你評估員工的感受及是否正確了解你所告知的建議和訊息。你應該不時利用這類問句來確定自己真的了解員工的訊息。回應式問句通常是這樣開場的：「我來看看能不能把你的問題做個總結」、「我知道你的意思是……」，結尾則是「我這樣解釋是否正確?」「這是否正確說明了你的目標?」透過回應式的問題，你可以和員工溝通許多重要議題。首先，你展現了傾聽的努力；第二，你用行動表示員工的意見的確非常重要；第三，你可以確認對方所說的訊息，這樣一來，誤解的機會也就會大幅降低。從另一方面來說，你應該不時詢問員工是否了解你所說的話，藉以確認自己是否說得非常清楚。只要問這樣的問題：「這樣解釋你滿不滿意?」員工如果有任何的疑問或不滿意，就可以馬上提出來。確認員工的興趣也是非常重要的，你可能會說：「你覺得聽起來怎麼樣?」從員工的回答中，你可以充分掌握目前的進度及狀況，如果員工的興趣開始下降，你可以趕緊調整。如果你所說的話令員工覺得無聊，他們對這些訊息的理解將會大打折扣，同時也會影響到他們對你的尊敬和對工作的投入；如果溝通時以適當的方式不時詢問對方的反應，便可以有效避免這些問題的產生。有的時候，員工已經認同經理人所講的重點，但經理人卻一再重複，沒有詢問員工的反應，只是單方面的認為員工並不認同他的看法，實際上員工可能完全同意他的說法，只是他沒有察覺到而已。

◆激勵員工思考

詢問員工的意見及要求提出建議，能夠刺激他們針對你的意見及建議進行思考。你會詢問員工的意見表示你認同他的能力，認為他可以貢獻一些很有意義和很有價值的意見。這不見得是一種恭維的方式，因為也許你真的認同他的能力和貢獻。員工對於工作領域具備充分的知識，有助於這領域的工作順利運作。體認到這點，你自然會希望能夠充分發揮他的長才，並開發出有用而且可行的建議方案。就算你在某些領域的經驗不多，也不必刻意避開，因為員工可以根據自己的經驗提供你所需要的見解。以下是最佳的狀況：你和員工合作達成共同的目標及目的，並且從過程中建立起互信互賴的緊密關係。員工對其負責的業務具備深厚的知識，而你可以透過兩人的互動，對這方面更加了解，透過雙方的努力，促使彼此建立成功、具有生產力的關係。

◆達成共識

詢問員工是否認同你的觀點，可以讓你判斷雙方意見是否有歧異。如果員工不認同你的觀點，那麼一股腦的說下去其實是白費力氣，因為最後還是會面臨打不開的僵局。當你問到「這樣的說法和你以往的經驗是否吻合?」時，你應該給員工足夠的時間表達看法，這樣你才能判斷出對方是否認同你的意見。有些人會像機關槍一般的提出一大堆問題，試圖藉此達成共識，但是這種操控式的做法並不可取。就算這樣的策略能獲得員工的認同，但是過了一陣子之後，他可能會感到後悔，對於工作的投入程度也會大幅下降，甚至於暗中破壞。如果你利用這種不入流的手法來獲得對方的認同，你和員工之間絕對無法形成互信互賴的關係，而且雙方的關係會不斷惡化到無法挽回的地步。許多經理人建議提一些讓員工只需要點頭稱是就好的問題，等到了執行階段，由於他們已經習慣了點頭，因此自然會照著經理人的意思走。這個招數很明顯的就是要操縱員工，而且可能會使得雙方的信賴徹底的瓦解。聰明的員工並不喜歡被人擺弄，他們一旦發現這樣的意圖，就會立刻退出雙方的溝通。互動式的經理人並不會沉溺於這樣的手法。

◆集中焦點在議題上

如果你發現員工有注意力不集中的跡象，應該適時提出問題讓對方的注意力重新集中到議題上。注意力分散通常是短暫的現象，因此不管你問什麼問題，通常都能夠立刻把員工的注意力給抓回來。然而，如果你發現員工注意力不集中，而且看似無聊的情形一直持續下去，那麼你應該儘速把話題告一段落。每個人都會有不專心的時候，你可以挑員工注意力比較集中或比較方便的時候，再來繼續這個話題。

◆給予正面的安撫並建立信賴

詢問對方的意見充分顯示出你對他的重視以及要求他參與的意圖，這會讓對方感到備受恭維，是給予對方正面安撫的強大利器。當員工在談話的時候，你可以展現互動式傾聽的技巧，這對員工而言，也是一種非常有效的正面安撫力量。詢問與傾聽的過程結合起來能夠為你和員工彼此迅速建立起穩固的互信關係。

◆詢問與心理的互惠關係

用簡單的說法來解釋，心理的互惠關係就是：「禮尚往來」。如果你把這樣的概念應用到詢問、傾聽及溝通上，仔細傾聽員工的意見並詢問對方的看法，當輪到你發言的時候，對方也會用同樣的態度來對待你。溝通的過程中，如果雙方都坦誠開放、仔細傾聽，這樣一定可以創造出雙贏的局面。如果一直都是你在講話，對於員工的發言根本不當回事，同樣的道理，員工也不會注意你所說的話，而且這種情況可能會變成惡性循環。相當諷刺的是，你說得越多，對方聽進去的就越少。你詢問及傾聽的程度越高，對方仔細傾聽的可能性就越高。

◆找出壓力差距

所謂壓力差距 (Tension Differential) 是人們目前從事的工作跟他們心裡真正想要從事的工作之間的差距(也就是目標和目的與現實狀況的關係)。如果某人目前所作所為能夠滿足他所秉持的目標，那麼他就沒有需要改變的行為或行動的壓力。換句話說，如果某人目前的處境和他想要達到的目標之間有很大的差距，那麼這個人就會承受相當大的壓力，必須對其行動做些調整，以便更接近自己的目標。透過有技巧的詢問，互動式經理人可以判斷出每個員工「壓力差距」的程度。事實上透過有技巧的詢問，也有可能擴大員工的「壓力差距」，因為透過適當的問題，員工可能會改進他們的目標或目的，或者是因此而發現目前處境有哪些地方需要改善。這樣的技巧不能夠和操縱混為一談，不過很遺憾的是許多人都活在無知的幸福中，自以為很快樂或很滿意，但其實潛意識裡並不是這麼一回事。你的詢問、探索及傾聽技巧能夠讓員工充分掌握自己的目標與目前的處境。透過檢視壓力差距，如果員工發現自己的目標和目前的處境出現了偏差的話，可以適時的調整，找出一條新的道路。

◆判斷「風格」

我們在先前幾章裡，討論過人們行為、學習、決定以及溝通互動各方面都有其獨特的風格。有效的互動式經理人必須牢記這些風格之間的差異，並且根據員工獨特的需求來量身打造管理的風格。判斷員工「風格」最好的方法之一就是詢問，適當的問題讓你有機會透過視覺、語調及話語等線索來判斷對方屬於哪種風格。針對員工的目標、興趣、工作上最大的成就、個人的最大成就、喜歡什麼或不喜歡什麼，還有針對他們的優點及缺點提出問題，能夠讓員工輕鬆自然的回答，因此更有可能透露出他們的風格。員工透露風格的行為必須透過有效運用問題才能夠激發出來。

問題有哪些種類?

在解決問題的訪談過程中，你會詢問許多不同類型的問題。你一開始所提的問題能夠帶出最普遍的人際溝通對話（不論是商業或是社交層面），也就是「你好嗎?」之類的禮貌問候語。彼此問候之後就可以進入談話的核心，接下來將介紹一些互動溝通中最常見的問題類型。透過適當的選擇及提出問題，可以讓你更有機會獲得想要的資訊，而且你和員工之間的關係也有機會更上一層樓。介紹不同種類的問題之後，接下來我們會介紹在訪談過程中提出這些問題的技巧和策略。

縱然問題有千百種，但是追根究底只有兩種基本的型態：開放型（非指示性）和封閉型（也就是指示性的問題）。讓我們深入探討這兩種問題的基本型態：

◆開放型的問題

開放型的問題通常是用於討論比較廣泛的話題，藉此引出各種不同的回應。這類型的問題有許多型態，而且是互動式經理人最常用的問題型態。他們會詢問員工對於某個主題或某個話題的意見及知識，鼓勵員工參與雙方的對話。開放型的問題有以下的特色：

- 不能用「對」、「不對」這類簡單的字眼回答。
- 屬於「什麼」、「如何」或「為什麼」的問句。
- 不會引領員工到某個特定的方向。
- 促使員工表達他的感受和意見，提升雙方對話的熱度。
- 可以用來鼓勵員工詳細說明他們的目標、渴望、需求、面臨的問題以及目前的處境。
- 幫助員工自我發掘。

- 能夠用來刺激員工思考你所提出的點子。
- 讓員工更從容、更精確的展現他們的風格。

以下是一些開放型問題的例子：

「你對目前的工作表現有何看法?」

「你覺得應該如何處理這件事情?」

「你覺得這類問題發生的頻率為什麼這麼高，而且會持續這麼久?」

「你對這件事情的看法如何?」

「這時侯你覺得應該追求哪些其他的目標?」

「你目前的工作項目中，你覺得哪一項最為重要?」

「你對目前處境最不滿的是什麼?」

「這問題還牽涉到誰?」

「這個解決方案對你有多麼重要?」

「如果我們執行這個解決方案，你覺得會有什麼樣的發展?」

◆封閉型的問題

封閉型的問題就是以狹隘的答案回覆某個特定的問題。這類問題的回答通常是「對」、「不對」，或是一些非常簡潔的回答。封閉型的問題具備以下的特質：

- 給予某些特定的資訊。
- 回答的人不用多加思考。
- 有助於回應的過程。
- 可以用來獲得對方對某個特定職位的使命感。
- 能夠用來加強正面的敘述。

• 能夠將對話引導到某個想要的領域。

以下是幾個封閉型問句常見的例子：

「你上個禮拜工作了幾個小時？」

「難道不應該這樣嗎？」

「你覺得這個工作可以做得更好嗎？」

「這是你最擔心的問題嗎？」

「你覺得這件事情是否應該做些調整？」

「你真的想要調職嗎？」

「你上個月的業績衝到多少？」

「你什麼時候發現這件事情的？」

「你是否同意我對這個局勢的分析？」

幾乎所有問題的類型都可以歸類到開放型或封閉型。根據你對於資訊的需求以及和對方交談的背景環境，有時候會比較適合用開放型的問題，但是有時候則是封閉型的問題比較恰當。開放型和封閉型之下有兩類問題值得特別重視——探尋事實的問題 (Fact-Finding Questions) 與探尋感受的問題 (Feeling-Finding Questions)。讓我們進一步討論兩類問題進行。

◆探尋事實的問題

探尋事實的問題通常屬於封閉型，這類問題能夠讓你針對目前的狀況、目標和目的，以及任何攸關管理與激勵員工的領域獲得重要的相關資訊。通常來說，這些都是員工不費吹灰之力就可以回答的簡單問題，而且可以讓回答的人輕鬆的漸漸加入對話。只要你所提出的問題不會太咄咄逼人或太具挑戰性，讓對方感到威脅，這些探尋事實的問題通常能夠協助你和員工建立信賴與合作的關係。這樣的關係建立起來之後，你就可以進一步針對比較個人的感受提出問題。

當你提出探尋事實類型的問題時，應該只針對目前談話所需的資訊。而且你應該仔細聽員工說話，準確的將他們所提供的資訊記錄下來。你可以培養隨手記錄的習慣，到了訪談進入尾聲的時候，向員工重複一遍，確認內容無誤。

以下有幾個探尋事實的問題範例：

「你目前的薪資在什麼水準？」

「你去年享受了公司的哪些福利？」

「你有幾個小孩？」

「你總共花了多久的時間完成這方面的工作？」

「你所屬的部門中和你在業務上有互動的同事有幾人？」

「你今年打算什麼時候休這兩個禮拜的年假？」

「你明年打算追求什麼工作職位？」

「你有沒有興趣加入公司的汽車共乘計劃？」

◆探尋感受的問題

這種問題通常是以開放性的問題呈現。這種問題能夠探索員工內心深處的感受，讓你了解他們的態度、信念、動機及感覺。探尋感受的問題有時候會涉及個人隱私，而且可能會觸及員工認為敏感的領域，因此各位要記住雙方務必先建立起強而有力的信賴關係，然後才能夠提出這類的問題。

這類探尋感受的問題能夠發掘出員工相當獨特的見解。運用得當的話，可以讓員工利用這個機會探尋自己的內心世界，並且找出為什麼會有某些感受的原因，或為什麼會出現某些行為。這些問題能夠幫助員工檢視自己的內心，他可以自行找出問題的癥結及為自己的行為找出內在的動機。有了這樣的了解，他會更有意願調整自己的行為（如果有必要的話）。能夠妥當運用這種探尋感受問題的經理人，通常都能夠獲得員工的愛戴。各位要記住，在提出這些問題的時候，務必要配合傾聽的技巧，這是非常重要的部分。我們將會在本書稍後的章節進一步討論傾聽技巧。

探尋感受的問題通常以這些型態展現：

「你對自己的工作為什麼會有這樣的感受？」

「在你看來，你個人及事業上的目的和目標與你目前的工作類型吻合的程度有多高？」

「你為什麼覺得這是最好的辦法？」

「你覺得哪些是完成目前工作最有效率的方法？哪些又是最沒效率的方法？」

「你對目前的局勢有何感受？」

「到目前為止，你對這個問題的處理方式最喜歡哪個部分？最不喜歡哪些部分？」

「你的意見如何？」

「你認為還有多少人有同樣的處境？」

「你覺得這件事最好的處理方式是什麼？」

「如果我們施行這個新的政策，你會有什麼感受？」

除了探尋事實與探尋感受的問題之外，開放型及封閉型問題之下還有許多不同的類型。以下介紹一些比較普遍的問題：

◆澄清的問題 (Clarifying Questions)

從結構上來看，這類問題是釋義員工所說的話。所謂「釋義」，就是用你自己的意思重複員工所說的話。不過只要重述你了解的部分，不要重述對方表達的意思。澄清的問題是針對員工所說的話澄清其內容及（或）其中的感受。這種回應的概念會在討論傾聽及回應的章節中有詳盡的介紹，但是由於這種概念通常是以問題的型態呈現，所以我們也在這裡加以說明。澄清的問題可能用在以下的用途：

- 對於說話者的意思以不同的話來解讀。
- 促使員工針對她先前所說的話詳細說明及（或）做些澄清。
- 確保你和員工的溝通正確無誤。
- 用來澄清模糊不清和過於籠統的地方。
- 了解員工心裡到底在想些什麼。

以下是這類問題的範例：

「如果我沒聽錯的話，你主要擔心的是……，對不對？」

「你說的是人事部門還是訓練部門？」

「你最擔心的是年紀的問題，對不對？」

「從你對這個狀況的敘述，我覺得你非常的沮喪，還是說我錯判了你的感受？」

「你是不是指另外兩、三個人？」

◆開發性質的問題 (Developmental Questions)

這種問題旨在針對某個狹隘的主題引出廣泛的回應。這類問題可以讓你：

- 額外獲得更詳細的資訊。
- 鼓勵員工延伸及（或）詳細說明他已經說過的主題。

以下是一些這類問題的範例：

「你能不能舉一個例子說明你的意思?」

「然後呢?」

「你是否可以詳細說明這點?」

「你能不能進一步說明這個部分?」

「你還記得是否碰過其他的問題嗎?」

「你休閒的時候還喜歡做些什麼?」

◆重複的問題 (Echo Questions)

重複的問題和先前所說的澄清的問題及開發性質的問題一樣，都是試圖達成同樣的目的。這類問題可以促使員工對於某個特定的議題擴大解釋並詳細說明，讓你可以獲得更加詳盡的額外資訊；這類問題也可以讓員工用不同的話表達剛剛傳達出來的訊息。這種問題其實只是重複員工剛才說過的句子中的某個關鍵字或某些關鍵字的組合。譬如，員工剛剛可能說「要是我有妥當的支援，我就願意這樣做。」在這樣的情況之下，你可能會選擇澄清式的問題來判斷員工說這句話的意思到底是什麼。從另一方面來說，你也可能會採用開發性質的問題，促使員工做進一步的說明。然而，在這樣的特定情況之下，其實只要用重複性質的問題就可以達到以上這兩個目的。重複性的問題會以這樣的型態呈現：「妥當的支援?」就像各位在這個例子所看到的，你只要從員工剛剛說過的話當中挑出幾個關鍵字來重述即可。如果搭配適當的語調跟疑惑的表情，員工也許會把剛才說過的話詳細解釋一番或是加以澄清。然而，如果重複性質的問句並未讓你獲得想要的額外資訊，你還是可以回頭採用澄清式及（或）開發性質的問句。

◆指引的問題 (Directive Questions)

這些大多是封閉型的問題，而且有助於指引對話到某個特定的重點領域。這類問題主要的應用範圍是：

- 你想要改變談話的主題。
- 你想把員工的回答引導到特定的方向。
- 你想要指引員工，讓他更加了解自己的需求、問題及目標。

以下是這類指引式問句的範例：

「這次你想要和我討論的另一個議題是什麼？」

「你不能用老法子再做一個禮拜嗎？」

「我們何不回頭進一步討論你剛剛提到的目標和目的？」

「你明天可不可以寄一封信？」

「依我看來，我們還有三個問題需要解決。」

◆假設性質的問題 (Assumptive Questions)

這類型的問題包含著某種的假設，經理人以問題的型態來指引員工。「你想在禮拜天還是禮拜六加班？」這種問題已經假設員工想要加班，因此只要決定哪一天加班即可。這種類型的問句必須要小心的運用，因為你必須能夠判斷員工當時的心理狀態，才能夠成功的運用這類問題。要是詢問的時機不對，搞不好會引起員工的不滿，甚至破壞員工原本對工作的使命感。如果你以為可以不著痕跡的利用這種假設性問題的策略，那麼你很可能是在玩弄員工。假設性的問題表示你相信員工已經做好下決定的準備，而且只需要再考量細節部分而已。這種假設性問題若要運用得當而且奏效，判斷員工心理狀態的時機和你的敏感度都顯的非常重要。否則，這樣的問題會讓員工覺得掉進「陷阱」，不得不做出決定，這樣會使得你的可靠度大為折損，而在員工的眼裡，他們對你的信賴也會迅速流失。

以下是這類假設性問題的幾個範例：

「下次諮商會議是訂在什麼時候？」

「你想要這個禮拜還是下個禮拜進行你的績效評量？」

「這份新的提案，你想要什麼時候開始執行？」

「你什麼時候方便和哈利見面？」

◆第三方的問題 (Third-Party Questions)

第三方的問題結合了敘述和問句兩個部分。經理人會告訴員工別人對於某個特殊狀況的感受跟反應如何，然後詢問員工對同一個事情有何意見及（或）反應。研究結果顯示，某個說法如果有備受敬愛的個人或團體背書，那麼被人接受的機率會大得多。各位應該了解這個現象，並且在適當的時候運用這樣的心理。第三方問題可以是針對特定議題或一般性議題，特定的第三方問題是以這些型態呈現：

「瑪麗，人事部門認為我們的 MBO 計劃運作得非常順利。妳有什麼看法？」

「副總裁覺得我們可以放棄虧錢的生產線，這樣不但有助於降低成本，還可以增加營業額。你覺得如何？」

另一方面，一般性的第三方問題則是以這樣的型態呈現：

「在這家公司跟我談過話的人大部分都是這麼說，你覺得這是不是真的？」

「有許多部屬都跟我說，這是工作中最有價值的部分。你覺得這個說法對不對?」

「許多人都覺得共同目標的設定很重要。你的看法如何?」

◆試探性的問題 (Testing Questions)

這種問題可以作為一種指標,讓經理人針對某個特定的議題判斷員工的心理狀態跟目前的處境。當你需要針對某個特定的要素或談話中提及的重點判斷員工認同或不認同的程度時,這類試探性的問題就可以派上用場。這類問題特別適合用在互動式管理中解決方案的流程。試探性的問題通常以這些型態呈現:

「這對你有什麼樣的啟示?」

「這對你有多重要?」

「你覺得這聽起來是否合理?」

「你對這件事情認同的程度如何?」

「你是否認為你可以忍受這樣的事情?」

◆終結的問題 (Closure Questions)

這類問題很適合用來促進共識,並且讓建議的計劃或解決方案可以成功的執行。終結性質的問題通常是屬於有指引作用的開放性問題。譬如,「我們接下來要怎麼做?」可以說是典型的終結性問題。這是一種開放性的問題,而且能夠指引員工投入某個特定議題,不論他有沒有意願投入這個指定的方向。另外還有一些終結型問題的型態如下:

「你希望如何進行這個工作?」

「你想要採取哪些行動?」

「你覺得決策流程的下個步驟是什麼?」

「我們應該如何結束這個狀況?」

「下一步是什麼?」

當你們完全了解為什麼提出問題、這些問題可能會有哪些目的，以及各種型態的問題的結構之後，你們就可以進入最後一個階段：整合的技巧及策略。這也是本章最後一個要談的部分:「如何」詢問問題的技巧。

提問的策略及技巧

透過有技巧的問題，你可以展開一段對話，並且維繫對話過程順暢，最後成功培養經理人和員工的關係。不論你的員工是屬於安靜型，還是喜歡掌控對話的進行，你的詢問技巧和技術都能夠幫助你獲得有用的寶貴資訊，且能協助你和員工建立互信互賴的緊密關係。你提問的態度和問題本身的內容具有同樣的重要性，如果你希望能夠透過問題獲得完整、誠實的回答，了解員工的需求和動機，那就得好好組織你的問題，獲得正確資訊的機率會提升到最高的程度，並且維繫員工對你的善意與尊敬。如果員工不重視你的問題或是不誠實回答，那麼你詢問問題的過程自然是白費力氣。以下介紹幾種挑選問題的一般策略，各位可以把這些重點謹記在心：

◆挑選時機

如果你問問題的時候，員工所處的心理狀態並不適合接收問題，那麼你自然無法獲得正確、有效的回答。提出問題的時機必須要恰當。太急或太慢提出問題都不會有顯著的效果，因為對方很可能對你的問題充耳不聞。利用你的靈敏度及獨特的見解來觀察員工的心理狀態，以判斷是否為提問的適當時機。

所謂恰當的時機可以從另外一個角度來看。太急或太慢提出問題都不好，時機的恰當與否攸關著你所獲得的答案。在你提出問題之後，給員工足夠的時間思考再回答。要是太急著問問題的話，會給人沒有耐心的印象，而且對方會覺得好像遭到盤問，而不是談話。要是時機過晚，則很可能讓對方產生非常無聊的感覺。

◆擬定提問的計劃

一般來說，雖然不會有人建議針對不同員工擬定問題的順序及用字遣詞，但是擬定一套提出問題的計劃倒是蠻合理的做法。所謂擬定提問的計劃，其實就是對你想要詢問的問題有個大致的概念，以獲取你想要獲得的資訊。提問的計劃能夠給你一個起點，而且在談話的過程中，如果你發現其他值得注意的領域，也可以有彈性的去探索。當你偏離原先計劃的問題，轉而探索其他的領域時，你可以利用指引性質的問題回到原先的軌道。各位要記住，在和員工進行訪談之前，只需對你想要獲得的資訊類型及必須詢問哪些類型的問題有大概的輪廓即可，用不著字斟句酌。

當你在問問題的時候，試著想像最糟糕的回答會是什麼樣，避免問一些可能會被員工的回答逼到死角的問題。如果碰到這種糟糕的情況，你會陷入什麼樣的處境？如果員工的回答讓你沒有轉圜的餘地，那麼就盡量避免提出這種可能會有麻煩的問題。你可以避開這些危險的話題，改問其他的問題，這樣不但能夠對員工的處境有進一步的了解，並且也有助於得知員工遭遇到什麼問題。如果接下來的詢問過程顯示員工回答的可能性不高，那麼你可以回到原來的提問軌道。重點在於員工的回答不見得是你最想聽的。你需要在提問之前擬定計劃並具備前瞻的眼光，這樣的過程才能夠順利進行。

◆了解你的觀眾

了解你要問的對象是很重要的部分。對方的個人背景、政治取向、宗教信仰、態度、興趣與意見，還有他的行為風格、溝通風格、決策風格和學習風格，擁有這些資料對你為對方擬定及提出問題都很有幫助。你未必想要掌握每一個員工的資料（特別是新進的員工），但是透過每一回的訪談，你能夠對每個員工更加的了解，因此接下來提出的問題也會更吻合對方的背景和需求。只要稍加練習，你就可以針對個別員工來調適提問的時機以及組織問題的結構。

◆詢問對方是否可以提出問題

這條原則未必是必要的，但是根據經驗法則來說，卻是個不錯的做法。你可能覺得自己身為經理人，你有權力詢問員工問題，而且你可能會覺得這條原則說不定會讓員工怠惰工作。但是當你詢問員工可否問他問題的時候，其實是顯示了你對對方的尊重，這能夠為訪談的過程建立良好的開始，雙方能從而建立起信賴的關係，並且更加坦誠、直接、自在的交換資訊。

◆從廣泛的問題轉為狹隘的問題

「請簡單告訴我你擔心些什麼?」這個問句是個典型的例子。這種廣泛、開放式的問題讓員工能夠自在的說出心中的話。從他們的回答中，你可以發現某些特定的領域，並且針對這些領域提出指引性的問題來獲取更多的資訊。

這種廣泛性質的回答也讓員工有機會透露他們的「風格」，和狹隘的問題比起來，這種廣泛的問題會讓員工感到更加的從容。當員工有機會用自己的方式討論自己的目標、問題和所擔心的事情時，他們通常會透露出平常和別人互動的模式、處理資訊及作決定的風格。你傾聽他們「開放性」回答的這個能力將會指引你進入下一個問題，接下來的問題通常是根據員工先前的回答來縮小問題的範圍。譬如，你接下來可能會這麼說：「你說過加班可能對你的生活造成問題，可不可以仔細說明?」你以進一步縮小詢問的範疇，深入探索加班對員工所造成困擾。先問廣泛的問題最主要的好處在於：這些問題在你提出來之前，員工可能就已經回答過了，也就是說員工在回應廣泛性問題的時候可能也連帶回答了部分的狹隘問題。

◆用先前的回覆作為基礎

誠如先前所強調過的重點，在你提出問題之前應該先仔細的聆聽。如果全部的精神都放在接下來要問些什麼問題上，結果反而會錯過員工對你所說的大部分訊息；與其這樣，還不如專心傾聽。掌握了這些資訊，你自然能夠根據他們的回應來擬定接下來要問的問題。這樣的技巧有幾個好處：第一，你可以專心傾聽員工所說的話，而不會分散注意力。第二，問問題的過程井然有序、合乎邏輯，並且有明確的焦點。第三，以員工先前的回答作為接下來問的基礎，用實際的行動表示你的確有仔細傾聽員工所說的話。第四，這讓你有機會探索員工有興趣的領域（要是你沒有仔細的傾聽，並且根據員工先前的回答作為問題的基礎，可能就會忽略掉這些領域）。

◆問題要有焦點

提出的問題應該讓員工有機會針對某些特定的議題進行邏輯性的思考。與其針對不同的議題提出千百種問題，還不如針對某個主軸，好讓員工能夠輕易跟隨你的思考軌跡。在發問的過程中，若能引導對方一步一步的走過，訪談成功並解決問題的機率也能夠提升到最高的水準。

◆具備思考主軸

員工必須了解你提出的問題，如果問題的用詞不當或員工並沒有充分的了解，那麼他們的回答可能會給你錯誤的資訊（就算是正確的資訊，往往也不夠完整）。如果雙方無法交換正確的資訊，那麼這場溝通等於白費力氣，雙方甚至會產生誤會及疑惑。為了避免這樣的情況，你應該謹慎組織問題的結構，讓所有的問題都只有一個主軸。這樣的技巧能夠減少誤會產生的機率。員工能夠集中心思在一個特定的思考主軸上。如果問題的基本理念不只一個，那麼對方的理解很可能會出現偏差，並且導致信賴的關係遭到侵蝕。在這裡舉個例子，「請你告訴我你個人及事業生涯上的目標，並且說說看哪些事情有助於達成這些目標，哪些事情可能造成障礙。並且請你建議應該要怎麼做，才能夠消除這些障礙？另外……」。誠如各位所見，等唸完這一長串的問題，員工早已經忘掉前面一半的問題。好好組織你的問題，讓每一次提出的問題都只有一個中心的理念。

◆避免模糊不清的問題

模糊不清的問題會導致對方誤解，而出現不同的解讀。這裡有個例子：「你介不介意看看並且批准這些數據？」在這樣的情況之下，不管回答「好」或「不好」，你都無法得知對方的立場如何。如果對方回答說「不」，這可能表示他不介意看看你提出來的數據。如果對方回答「好」，那麼可能表示他願意批准。這種模糊不清的問題往往會使員工無所適從，而主管也得不到他們想要的答案。各位要記住，如果員工不了解問題，就無法給你正確或完整的答覆；各位若要避免溝通破裂的結局，就得謹慎組織問題的結構，免得造成對方的誤解及混淆。

◆採用一般性的說法

提出問題的時候應該避免俗語、流行用語或技術性的專有名詞，員工可能會搞不清楚你到底想問些什麼。此外，應該避免華麗的詞藻或法律的術語。在為問題挑選用字的時候，要謹記“K.I.S.S.”的原則：也就是「簡潔為上」(Keep It Simple, Stupid)。避免使用複雜、華麗的字彙，你可能以為這些炫麗的字眼能夠讓員工感到佩服，不過事實上，這些用字可能會讓員工搞不清楚你的問題，反而讓他們感到困惑。在這樣的情況之下，他可能會對你產生排斥感，雙方的溝通也會因此而瓦解。利用簡單、一般性的用語，避免沒有必要的專有術語，讓員工能夠輕易的理解你所提出的問題，你才有可能獲得正確、直接，且有意義的資訊。

◆平衡問題的數量

當你和員工進行諮商會議、績效評量、解決問題、輔導會議或任何一種型態的訪談時，你所提出來的問題數量務必要力求平衡。要是你所提出來的問題數量太少，員工可能會認為你的問題沒有深度。譬如，你可能會問員工「你好嗎?」或「工作進展得如何?」在員工回答之後，你就立刻進入主題滔滔不絕的發表你的看法。要不了多久，你在員工眼裡就會成為這樣的形象：膚淺、拘泥形式，利用問題作為進入自己話題的跳板。從另一方面來說，如果提出的問題數量太多，而不和對方分享你的看法，員工可能會覺得遭到審問。詢問的問題太多可能會造成資訊的失衡：員工提供的資訊太多，你給的資訊則太少。這樣的情況很容易會造成人際關係陷入緊繃，雙方的信賴會遭到侵蝕，並且導致溝通的瓦解。當你在提出問題的時候，務必要根據你需要的資料及員工的「風格」來平衡問題的數量。譬如，如果你提出的問題數量太多，「親切型」行為風格的接受程度可能會比「主導型」的人要好得多。

◆加以整合

你和員工進行訪談的過程中，採用的問題種類越多越好。儘管我們強調開放型問句最好比封閉型多，但是在整個訪談過程中，應該在適當的時候不時穿插封閉型的問句。廣泛利用「探尋事實型」、「探尋感受型」，以及「澄清型」、「持續型」、「指引型」、「重複型」、「試探型」和「終結型」的問句。如果同一種問題類型用得太多，員工很快就會對訪談生厭。譬如，如果你提的問題都只需要一個字的簡單回答，那麼你自然無法充分了解員工的需求或他們目前的處境。除非你的問題能夠鼓勵員工投入或參與，否則你無法獲得事實的全貌。透過這種類型問題的組合，促使員工投入和參與，說不定員工還會自願提供一些問題中沒有提到的重要資訊。

◆不要使用偏頗或具操控性質的問題

你所提出的問題不應該有偏頗或操控的意味，這類型的問題會使員工個人的自主性受到限制。不要用問題來迫使對方做某個特定的回答。最好要這樣問，「你這禮拜哪天早上有空開會?」而不是問「你希望在禮拜二早上十點開會，還是要禮拜四早上八點半?」優秀的互動式經理人知道保護員工的尊嚴有多麼的重要，他們也了解，如果利用操控式的問題來愚弄員工，員工對他們的敬重會因此而大打折扣。

◆不要問威脅性的問題

提問的時候盡量避免會讓員工感覺受到威脅或冒犯的問題。這樣的問題可能會增加對方的壓力，並且導致對方對你的信賴降低。此外，如果問題讓員工感到困窘，他可能會提供不正確或不完整的資訊給你。在大多數的情況下，員工沒有說謊的必要。不過如果你的問題碰觸到他們的敏感地帶，你可就得當心他們會給你不老實的回答。當你發現到員工對某個議題很明顯的感到侷促不安，那就趕緊換個話題。遺憾的是，有時候就算員工對某個話題感到不安，你還是不能改變話題。譬如，員工是否妥善處理家庭問題，以免這方面的困擾影響到工作績效，這樣的問題雖然會令員工感到困窘，但是你還是得問，才能夠順利的解決問題。在這樣的情況之下，你的問題應該要問得直接、明確，不過也得對員工的處境表達同情之意。為了顧及員工的顏面，你可能會訴諸迂迴委婉的問題，但是你不能光是仰賴這些模糊的資訊，你需要直接、正確的資訊。員工通常會體諒你必須了解的處境，因此也願意提供你所需的訊息。如果員工連最起碼的資訊都吞吞吐吐，那麼你可能是在浪費時間。除了家庭之類的隱私之外，有關健康醫療及是否可以償還債務等財務問題也都可能讓員工感到不安和焦慮。如果你相當確定這類可能令人感到困窘的議題會影響到員工的工作表現，那麼你應該花些時間好好構思這些問題的措詞，免得讓員工覺得被冒犯或受到威脅。譬如，如果有個員工上班老是遲到，你可能會說「你知道現在幾點鐘嗎?」這句話聽在員工的耳裡，充滿了威脅的味道，未必是為了蒐集資訊，倒是為了訓斥和讓他感到困窘。其實你可以用另外一種比較公開、諮商性質的方法來處理這樣的狀況，「你是不是因為有什麼問題才會每天上班遲到？有什麼我可以幫忙的地方嗎?」這樣的問句同樣會觸及敏感的問題，但是卻不會像前面那個問句那般的尖酸刻薄。

◆為敏感的問題提供合理的解釋

當你必須碰觸到敏感的問題時，務必要解釋為什麼你需要詢問這樣的問題。如果能夠解釋清楚，你也比較有機會獲得完整、誠實及正確的回覆。如果員工能夠判斷你為什麼需要這樣的資訊，他可能會了解到，提供確切、完整的資料說不定有助於他的處境。你在提出問題之前先讓員工做好心理準備，這樣有助於消除員工的疑慮，而他們對於某些刺激性問題的焦慮也會因此而降低。與其問:「你這支筆從哪來的?」或許你可以換個方式來問:「我想要買一支一樣的筆。你是在哪裡買的?」透過這樣的方法，在提出進一步的問題之前，員工已經知道或至少心裡在盤算你打算要問些什麼。如果他對於某個問題似乎很敏感，那麼你最好退後一步，解釋你的目的之後再問一遍。然而，如果這些可能造成對方焦慮、侵犯個人隱私或安全的問題並沒有那麼大的迫切性，那麼最好換個威脅性比較低的話題。

◆詢問有關於結果的問題

如果你希望你所提出來的問題能夠讓你獲得最有用、最完整的資訊，那麼就別假設員工了解自己的需求。不要問會讓員工陷入窘境的問題，把問題的結構好好組織一番，詢問對方想要達成的結果，而不是問必須採取哪些特定的方法來達到最後的目的。把討論的焦點集中在一般性的需求、結果和最後的目的，這樣員工能夠更加自在的回答，而且他們對於這類問題也有充分的了解。此外，這個技巧也能讓你有更大的空間，用更有意義的方案（方法）達到這些目的。有關於方法的特定問題可能不像結果這種較廣泛的問題比較容易回答，把員工希望達成的成果作為問題結構的核心，不要針對特定的方法和解決方案，如「我應該如何到達那裡?」

◆維持諮商的氣氛

各位要記住，你和員工訪談的過程中，你扮演的是協助者的角色。當你提出問題的時候，要記住自己所扮演的角色，不要用審問的態度，像機關槍似的一股腦丟出一大堆問題。你不是律師，而員工也不是法庭上作證的證人，如果給對方太大的壓力往往會造成反效果。說話的語氣放緩，大聲吼叫並沒有任何好處。給員工一些時間仔細思考你的問題，就算是陷入沉默也沒有關係。停頓一下，給對方時間好好想一想，你也比較可能會獲得正確、完整的回答。讓他好好完整的回答問題，不要隨便打斷他的話。當對方全部說完之後，你可以更順暢的繼續提問。最重要的是，和員工訪談的過程中，要展現你的敏感度、理解跟同理心，這些不光會從字裡行間透露出來，你說話的態度和非語言的跡象也都會顯現出來。

有技巧的詢問攸關解決問題和互動式管理的策略，為了協助對方解決問題，你得先找出他面臨哪些問題才行。互動式經理人可以透過訪談的過程正確判斷員工所面臨的問題，而且，他對員工的關心也會讓對方覺得精神受到鼓舞。精通詢問問題的藝術，互動式經理人能夠悠遊自如的穿梭於問題解決者、諮商者與員工的顧問等不同的角色之間。

「與其急著說話，排除所有的疑問，還不如保持靜默，就算是被人當成傻子也沒關係。」

——無名氏

第七章 傾聽的力量

前一陣子，羅耀拉大學芝加哥分校 (Loyola University in Chicago) 許多教授共同參與某個研究計劃，探討有效率的經理人應該具備哪個最重要的特質。這項研究進行了大約一年半的時間，他們訪問全國好幾百家企業之後得到一個結論，在各式各樣協助經理人了解及評估員工個性的資訊來源中，傾聽個別員工的能力可以說是最重要的特質。

然而不幸的是，傾聽的技巧往往遭到企業的忽視，要不就是徹底遺忘。由於人們都把這種技巧視為理所當然，結果許多溝通上的問題也隨之而起。如果聽得不完整或是傾聽的態度不恰當都可能會產生許多問題，但只要知道如何避免這些陷阱並了解傾聽的基本道理，這些問題其實都可以迎刃而解。許多企業為了改善人際之間的溝通，特地開班教授說話的藝術、閱讀及寫作的技巧。這些公司都願意贊助主管去上這些課程，但是幾乎沒有幾家公司會派人員去上改善傾聽技巧的課程。可能是因為許多人誤以為傾聽和聽力是同一回事。但是事實上，就算我們聽到完整的句子，但是其中的意思仍可能偶有疏漏或是遭到扭曲，要不然就是溝通不夠完整。就算聽力完全正常，但是如果傾聽的技巧有問題，那麼聽到的訊息和心裡所做的解讀可就未必是一樣的東西。傾聽不只是生理上的聽而已，這是一種智慧以及情緒變化的過程，在這樣的過程中，我們會整合生理上聽到的訊息、情緒和智慧層面的要素，然後從中尋找意義。

要想成為良好的傾聽者，你得保持客觀的態度。要做到完全公正客觀幾乎是不可能的事，不過你至少要努力了解對方，不要讓自己的想法曲解對方所說的話。這表示你得試著了解的是對方想要傳達出來的訊息，而不是你自己想要了解的訊息。「同理心」能夠讓傾聽者站在說話者的角度，感應對方的感受。這樣有助於洞悉溝通的符號，並且更加貼近事實。

有效的傾聽並不容易，這是很困難的技巧。你得非常的專注，並具備高的敏感度與第六感，而且還得配合身體上的變化。在專心傾聽的過程中，我們的心跳會加速，體溫小幅上升，而且血液循環的速度也會加快。

可惜真正了解如何有效傾聽的人並不多。一般沒有經過訓練的人大約只能了解並記住百分之五十的對話內容，四十八小時之後這樣的比例會掉到百分之二十五。從這個數據我們可以了解，回憶幾天前的對話往往失之完整，而且不夠正確。這也難怪人們在討論過後對於討論內容的記憶幾乎都不盡相同。

經理人如果不擅傾聽的技巧，那麼很可能會錯失員工字裡行間的訊息。而且也無法掌握目前面臨的問題或即將出現的問題，這種經理人所提出的建議往往錯誤百出，而且不夠妥善，有時候甚至於牛頭不對馬嘴。經理人如果缺乏傾聽的技巧，可能會造成員工的壓力或不信賴，等到經理人發言的時候，員工也不會仔細聆聽。另一方面，擅長傾聽技巧的經理人能夠迅速和員工建立起互信互賴的關係，讓雙方相處得更加和諧。在員工說話的時候仔細傾聽可以說是最重要、也是最有效的工具，可以讓員工覺得你充分的了解他們。你可以正確的判斷員工所面臨的問題和所秉持的目標，並了解他們對於這些目標和問題的真正感受。有了這樣的了解，你自然能夠提出有意義、切中要點的解決方案。而且，當你發言的時候，員工也會真正的認真聆聽。

本章的重點在於有效傾聽員工談話的技巧。此外，本章也會說明應該如何擺脫錯誤的傾聽習慣，以免誤解員工所表達的意思。除了這些傾聽技巧之外，我們也會提供練習，協助各位改善傾聽的能力。如果各位把這些技巧與建議都應用到工作上，努力聆聽員工心聲，並從員工的角度來理解他們的做法，這會讓員工對你充滿好感。這麼一來，管理會變得更有效率，員工的生產力也會大幅提升。這些都是多動動你的耳朵（而不是嘴巴）所帶來的好處。

員工對經理有哪些不滿之處?

員工常常會討論自己的老闆，其中有些是好的評價，不過大多數都是抱怨的話。讓我們看看員工對於他們老闆在傾聽技巧方面有哪些常見的抱怨。當各位在讀以下這些部分時，請用客觀的態度想想看自己是否也犯了這些毛病。如果的確如此的話，那你應該知道改善傾聽技巧應該從何處開始著手。

◆「都是他在講，我有問題才會去找他，結果根本沒有開口的機會」

這是典型的管理問題（滔滔不絕的發表高見）。許多經理人都深信說話就代表權力，這些經理人會獨占談話的機會，滔滔不絕的告訴員工他們有哪些問題、應該要怎麼解決這些明顯的問題，對於員工的反應視若無睹。其實只要他們讓員工有機會發言，便能夠獲得非常重要的資訊，讓自己成為有效率的經理人。

◆「他會打斷我的話」

這和第一項一樣糟糕，甚至於更惡劣。如果你在說話的時候，對方搶著幫你做結論，或是在你話說完之前就跟你說「我知道你的意思」，那你會作何感想？當員工說話的時候，不要打斷他的話，讓他們的思緒有充分表達的機會。

◆「我說話的時候，經理從來不看著我。我不知道他到底有沒有聽進去」

雖然你是用耳朵聽，但是別人卻用你的眼睛來判斷你有沒有在聽，這說起來的確頗為諷刺。這是員工對於經理人最常見的抱怨之一。聽別人說話的時候，眼睛要不時溫和的看著對方，這是有效傾聽技巧中不可或缺的部分。如果不相信的話，你可以想想看，你在說話的時候對方若是不看著你，你會作何感想？

◆「經理讓我覺得我在浪費他的時間」

這主要是態度的問題。包括說話和做事的方式都有可能讓員工產生這樣的感覺。譬如，你可能在員工講話的時候隨手撥弄鉛筆、紙張或其他的東西，這樣會讓人覺得你可能感到很無聊。另外還有些經理人會在紙上塗鴉、翻動紙張、擦眼鏡鏡片或把玩雪茄。還有一種典型的例子，那就是在員工說話的時候，不時的查看手錶或時鐘，或是在員工進來之後還不斷忙著手邊的工作，沒有停下來傾聽對方說話。總是一付很忙的樣子或老是把有多忙掛在嘴邊，這些都會讓員工覺得他們是在浪費你的時間。如果員工向經理尋求指點，但是經理卻覺得員工在浪費他的時間，這說起來實在沒有道理。糟糕的是許多經理人都犯了這個毛病，不管究竟是有心還是無心，他們都會透過非言語的管道把這樣的訊息傳遞給員工。

◆「經理老是在講電話」

當經理和員工在進行重要的談話時，往往會無視員工存在而接聽電話或是打電話出去。當經理為了接電話而打斷員工的話，這會讓員工覺得經理的注意力一直擺在這通電話上，而不是他們兩人的對話。很顯然的，這會讓員工覺得自己不受重視。員工在你辦公室和你談話的時候，何不吩咐秘書你不接任何電話呢？

◆「經理的臉部表情以及肢體動作讓我不禁懷疑他到底有沒有在聽我說話」

有些經理在和員工談話的時候大概還以為自己在進行談判，臉上根本沒有表情。這會讓員工懷疑經理到底有沒有在聽他說話，還是說這是表示不在乎。當然，有些經理在聽員工說話的時候，臉部表情或是肢體動作太過豐富也不恰當。譬如，有些經理想要透過眼神的接觸來表示自己的專注，但是注視得太過火反而會讓員工懷疑是不是他們臉上出了什麼問題。有些經理人雖然忍著不說，但是他們還是會透過非言語的管道，在員工話都還沒有說完之前就透露出他們不怎麼認同的訊息。這不但會令員工感到萬分的無奈，還會折損雙方的關係。許多經理人也會在員工談話的時候露出不耐煩的神情，好像說他們在等員工趕緊把話說完，好發表自己的高見。

◆「經理坐得靠我太近」

這是一種領域的侵犯。許多經理往往在不自覺的情況下，侵入了員工的個人空間。我們會在接下來的篇幅當中進一步討論個人空間和領域的問題，不過為了讓各位了解個人空間的重要性，各位可以想想看，如果你一個人在電梯裡，另外一個人走入電梯之後就緊挨在你的身邊，這會讓你有什麼感覺？大多數人都會覺得非常緊張、不舒服，甚至對「入侵者」產生厭惡的感覺。一般來說，我們會讓比較熟悉的人接近，但是如果靠得太近不管雙方關係到底如何都會讓我們覺得個人空間遭到侵犯（就好像電梯裡的「入侵者」一般）。

◆「我覺得經理大概剛上過如何傾聽的研討會，他做得過頭了」

有些經理人剛學到幾招積極聆聽的技巧，結果卻表現的太過火。譬如，傾聽對方說話的時候要有目光的接觸，但是他們卻兩眼直瞪對方。點頭表示理解，結果他們在員工說話的時候只會猛點頭。再者，傾聽的時候可以配合適當的臉部表情，但是他們卻做到扭曲的地步。重點在於，這些都是虛假的傾聽，員工能夠很輕易的識破這樣的假象。他們知道經理在照著指示做，假裝表現出傾聽員工說話時應該具備的態度，但是這樣的態度表現得太過做作。不管是多麼有道理的原則（包括傾聽的技巧在內）都需要保持中庸，適切的應用出來。過度誇張傾聽的技巧就和根本沒有聽人說話一樣的糟糕，而且甚至於還更壞。

◆「經理老是在問題的表面打轉」

經理人似乎非常不願意深入談話核心並找出問題的根源。有時候是因為缺乏問話的技巧，才會老在問題的表面打轉。但有時是害怕無法收拾的後果，才不願意深入問題的核心。另外有些經理人則是因為根本不在乎，所以才不願意深入和員工的談話。他們滿腦子只在自己的問題、工作或是個人的生活上打轉。這類經理人把員工視為他們工作成就上的眼中釘。筆者之一曾經參與某個為行銷經理舉辦的研討會（主題是改善傾聽的技巧），當時有個令人非常驚訝的發現，原來許多經理都把員工視為工作上的障礙。研討會進行當中有個與會的經理舉手問道，她的員工老是動不動就進她的辦公室傾訴自己的問題，令她感到不勝其擾，覺得他們在浪費她的時間，不知道有什麼辦法可以解決這個現象。研討會主講人還沒來得及發言，另外一個與會的經理就脫口喊道「我知道怎麼解決!」這個人接著講述他如何對付這些「煩人的」員工。他在辦公桌上擺個停車的計時器，每當員工進來要和他談話，他就會告訴對方這個計時器是他的退休基金，他會為頭十分鐘的談話投入一個硬幣，不過如果過了頭十分鐘員工還想繼續談話，他們就得自己投錢進去（每十分鐘十美分）。筆者本來還以為他只是在說笑話而已。沒有想到這個人講完之後，觀眾席居然至少有十多人舉手詢問哪裡可以買到這樣的計時器。這種經理人到底是從哪裡冒出來的？

◆「經理在聽我講話的時候很容易分心」

如果員工在說話的時候，經理老是因為外頭的聲音或走過的人而分心，等於是告訴對方他們已經聽夠了，這會令員工產生反感。有些經理老是搶著幫員工說話……或是臆測對方所說的重點，這些都會引起員工不滿。員工不喜歡經理一直打斷他們的談話，老是把「這讓我想起……」掛在嘴邊。有些經理老是看著窗外，好像辦公室外面隨時有更有趣的事情發生，或是在員工試圖和他們談話的時候，依然看著報告或閱讀資料，這些都是員工厭惡的行為。如果經理讓員工覺得他們根本不在乎員工面臨的問題，或是一點也不關心員工的死活，這樣的惡劣印象將會引起員工很大的反彈。

以下是一些員工對於經理常見的抱怨，經理在傾聽員工說話時如果犯了這些毛病，很可能會讓對方覺得非常厭惡。

「我在講話的時候，他老是前前後後的踱步。」

「她的臉上沒有一絲笑容，我不敢跟她說話。」

「他問問題的方式好像是在懷疑我說的話。」

「他的問題和評論老是讓我偏離主題。」

「每次我提出建議，他都嗤之以鼻。」

「當我提出問題，或是提出改善的建議時，經理的態度總是逼我得為自己辯護。」

「經理老是曲解我的意思。」

「我在說話的時候經理老是更正我的用字遣詞，好像我說得不對的樣子。」

「喔，你的意思是說……嗎？」

「我問經理東，他老是回答我西。」

「經理一直都是面帶笑容，或是說些俏皮話，就算我和他討論嚴肅的問題也是這樣。」

「經理對於問題的處理老是拖拖拉拉的。」

「當我還在講話的時候，經理就已經站起來走人了。」

「經理表面上裝作很了解的樣子，完全不給我機會對這個工作狀況提出任何想法或是建議。」

如果你在傾聽員工說話的時候會犯上述的任何一種毛病，那麼我們強烈建議你繼續讀下去。我們會介紹一些有效傾聽技巧上的障礙以及克服的方法，可以協助各位順利的改善傾聽的技巧。技巧改善之後，你會聽到員工說「我喜歡我的經理，他會仔細傾聽我的心聲，我可以和他談話。」以及「他真的了解我以及我的問題，我喜歡和他共事。」之類的評語。

傾聽者的類型

我們把傾聽者分成四大類型。不管是什麼樣的風格，基本上都可以用這四種基本的類型來解釋。每個類型的專注程度以及敏感度也各有不同。這四個種類之間並沒有明確的界線，大多數的人都可以歸納為這四種類型。根據傾聽者的處境或環境不同，這些類型甚至可能會有重疊的現象或相互影響。當我們從第一個階段進入到第二、第三、第四個階段時，我們理解、信賴及有效溝通的潛力也會隨之不斷增加。

◆充耳不聞型 (Nonlistener)

在第一個階段，你根本不聽員工所說的話。事實上，這種充耳不聞型的人只會空洞的盯著對方，他假裝在聽對方說話，但是心裡卻在想著不相關的事情。他忙著思考接下來要說些什麼，結果對方眼前所講的話反而猶如過耳東風一般。這種充耳不聞型的人會主導大部分的談話過程，不時打斷對方的話，不管別人說什麼都不太可能引起他的興趣，而且老是搶著幫別人下結論。在其他人看來，這類型的人既遲鈍又不體貼，是個自以為是的討厭鬼，所以大部分的人都不喜歡甚至難以忍受這種人。

◆有聽沒有到型 (Marginal Listener)

第二個階段屬於有聽沒有到型，這類型的人雖然聽到聲音和話語，但是卻沒有真正的聽進去。她只是玩弄著聽到的聲音，但是卻並不是真的在聽。這是虛假的傾聽者，她只會維持在問題或議題的表面，絕對不會進一步的深入探討。這種人不會馬上著手解決問題，而是一再的拖延。這種行為只會使得問題如滾雪球般的越變越大，結果會使得這種人更加恐懼，拖延的情況更加的嚴重，一直到問題爆發為止。這種有聽沒有到型的人很容易被自己的思考或是外界的事情分心。事實上，這類傾聽者當中許多人都會刻意尋找讓他們分心的事情，這樣他們才有藉口從對話中抽離出來。碰到困難或技術方面的議題或討論時，往往會逃避，就算他們真的有在聽，通常也只是聽重點，而不是主要的理念。有聽沒有到是非常危險的類型，因為如果經理只是假裝在聽對方說話，產生誤解的可能性就非常高。以第一個階段（充耳不聞型）的類型來說，至少這種人根本沒有在聽對方說話，充其量只會接收到許多明顯的蛛絲馬跡而已。但是對於第二種類型（有聽沒有到型），說話的人真的以為對方在聽他說話，而且理解他想要傳達的訊息（但是事實上並非如此）。這種「有聽沒有到型」在電視喜劇影集裡的確可以製造不少笑料（家庭成員老是用「是，親愛的」來回覆對方），但是在現實當中，這種類型卻會造成災難性的後果。

◆評估型的聆聽 (Evaluative Listening)

比起前面兩種類型，第三種類型的傾聽者要專注得多。這個階段的傾聽者雖然會努力的聽取對方的談話，但是並不會努力去了解對方到底想要表達什麼。這種類型的人往往是比較邏輯性的傾聽者，注重內容，而不是感受。評估型傾聽者的情緒通常會從雙方的對話中抽離出來。員工和他說話的時候，他很擅長於重複員工才剛剛說過的字眼，但是員工透過音調、肢體語言傳達出來的訊息卻會完全遭到忽視。這種評估型的聆聽者自認為他了解員工的話，但是員工卻不認為這種類型的經理人了解他們。評估型的傾聽型態會使對話過程加速，因為經理人會預測員工要說的話，員工話才剛說完，他們就緊接著回話（不管是同意還是反駁的話）。然而這類傾聽者卻把重點擺錯地方，而且很可能會對雙方的關係造成傷害。

這種評估型的傾聽者在員工話都還沒講完，就已經對他所說的話產生了定見，因此可能對於訊息真正的意思產生誤解。結果「評估型」傾聽者很可能會被刺激性的言詞挑起情緒或分心，接下來的心思都擺在要如何反駁員工上。這顯然會導致緊張的氣氛，而雙方的信賴關係也會因此而遭到折損。

◆積極傾聽者 (Active Listener)

這是傾聽的最高境界。如果你不會隨便評斷員工所說的話，並且能夠置身於員工的處境（也就是用他的眼光來看事情），那麼你就是第四種類型的傾聽者，同時也是最有效率的傾聽者。你不會把全部的心思放在員工所說的字眼上，而是努力從員工的角度來思考，這樣一來，你的感受及想法才能夠更加貼近員工。你得努力壓抑自己的想法和感受，並且把全部的精神都投注在傾聽員工說話上，這樣才能夠了解對方的感受和思考的模式。而這也正是「設身處地的為對方著想」的最高境界。積極聆聽表示你不但得仔細聆聽員工所說的話，更重要的是，還得了解這些訊息的意圖與感受。而且，你也需要透過言語及（或）非言語的雙重管道，讓員工知道你的確有在傾聽他的心聲。積極聆聽型的經理人不會臆測員工要說的話。事實上，積極聆聽者具有非常敏銳的觀察力。他們會不斷的搜尋言語以及非言語的蛛絲馬跡，來判斷對方想要說些什麼。積極的傾聽者會不斷探索對方的內心世界，傾聽對方的話語、感受和情緒。他不但傾聽對方所說的話，觀察對方說話的方式，同時也會注意對方沒有說些什麼。積極的傾聽者在詢問問題方面很有技巧。他能夠利用問題促使員工擴大談話的範疇以及澄清他們所說的訊息；對於需要進一步探討的地方，他會深入探索，希望對員工想表達的訊息獲得完整的全貌。

這類積極聆聽者也具備三項非常重要的技能，而這些技能是前面幾個類型的聆聽者都缺乏的。積極聆聽者擅長於感受 (Sensing)、傳遞 (Attending) 以及回應 (Responding)。所謂「感受」指的是積極聆聽者接收和認同說話者傳遞出來的非言語訊息的能力（也就是音調、肢體動作、臉部表情等等)。「傳遞」是指積極聆聽者傳達給說話者的語調、聲音與視覺上的訊息，顯示他對談話者的注意、接收、及認同。這包括眼神的接觸、開放性的肢體語言、表示認同的臉部表情、表示肯定的點頭，還有「嗯……」、「是……」、「繼續」、「我了解」、「還有呢?」之類的言語，還有避免透露出無聊、緊張或是憤怒的姿態。「傳遞」這種能力還包括了建立適合接收訊息的環境，譬如隱私的氣氛（沒有電話、別人說話的聲音干擾)。這也包括了維護說話者的「個人空間」，以及消除溝通的障礙(譬如隔開經理和員工的大辦公桌)。積極聆聽者並且擅長「回應」，能夠針對員工談話內容以及感受正確的回覆意見、讓談話者繼續說下去、蒐集更多資訊、讓對方覺得被了解，並且讓員工更加認清他自己的問題或是所擔心的事情。

傾聽要達到這樣的地步可能會很累人，因為這需要非常專注才行。但是如果你真的想要建立起積極傾聽的技巧，那麼你就得培養這種專注的能力才行。

除非經理人能了解積極聆聽的真諦以及將這些道理實際運用到工作上，否則他永遠也無法理解什麼是「優秀的傾聽者」。

許多人都自以為是很好的傾聽者，事實上真正了解傾聽真諦的人沒有幾個。上班族每天平均有四分之三的工作時間是花在言語的溝通上。而這其中將近一半是在聆聽。但是平均來說，這些員工聆聽的效率只有大約百分之二十五而已。這表示，如果你當經理人的年薪是一萬五千美元，那麼你花在無效傾聽的時間就占了將近三千五百美元。這是尼可斯博士 (Dr. Ralph C. Nichols) 進行密集研究之後所發現到的結果。他在《你有沒有在聽?》(*Are You Listening?*) 這本書中，強調大多數人都只注重說話技巧的培養，卻忽略了傾聽技巧的改善。現在越來越多的公司都發現到，管理階層只要出現一個不擅聆聽的主管，他所造成的傷害是好幾個擅長聆聽的主管都無法彌補的。「充耳不聞」、「有聽沒有到」、「評估型」等類型的聆聽方式，可能正是經理和員工進行績效評估以及諮詢會議之所以無法產生理想結果的罪魁禍首。這三種無效傾聽的類型往往是工作上錯誤百出、內部溝通不良、人際溝通缺乏效率、員工對公司不滿，以及公司整體生產力低落的主要原因。你在工作上碰到的種種問題，絕大部分都是起源於無效的傾聽。

不過各位也不必垂頭喪氣，這個狀況並不是無藥可救，只要有正確的動機和良好的技巧，你也可以改善傾聽的技巧，從而成為積極的傾聽者。若要有效的傾聽對方說話，首先你得了解阻礙有效傾聽的障礙在哪裡。對於這些身體上的、心理上的、情緒上的障礙有了深入的了解之後，你就可以開始一一消除不好的傾聽習慣。在接下來的章節，我們將會介紹改善傾聽技巧的原則。這些都是改善傾聽技巧的步驟，各位必須養成這些良好的傾聽習慣才能夠成為別人眼中積極的傾聽者。透過這些原則的實踐，各位將會更快地成為積極的傾聽者，而你在扮演積極傾聽者這個角色的時候也會感到更加的自在。讓我們先看看一些會阻礙有效傾聽的因素。

有效傾聽的障礙

在當今的社會存在著各式各樣阻礙有效傾聽的障礙，有些很明顯，有些比較看不出來。如果你對這些障礙視若無睹，那麼你在改善傾聽技巧的過程中，克服這些障礙的成功機率也不會很高。我們希望這個部分的討論能夠讓各位更加了解身體上、心理上、行為上及教育層面對於有效傾聽的障礙。有了這樣的認知，各位可以更加從容的一一克服這些障礙，並且邁向成功之路。

◆動機與態度

這可能是有效傾聽最大的障礙。我們只聽自己想要聽的事，而排斥我們不想聽的部分。如果你沒有正確的態度或動機就貿然進入傾聽的情境，那麼根本不可能把對方想要傳達的訊息聽進去，或加以消化、理解，一個人待在家裡說不定還比較好。如果你不想傾聽對方說話的話，最好選擇獨處，免得令說話的人覺得受到忽視或汙辱。

◆不夠專心、缺乏注意力

許多人之所以無法有效傾聽，主要是因為不夠專心，而且也沒有足夠的注意力。有些人天生就有注意力不夠集中的毛病，很難把注意力集中在某個活動上一段時間。然而，另外有些人之所以不夠專注的原因，則是因為他們任由外界活動讓自己分心。譬如，有些人以為自己可以同時做兩件事，但是這樣的誤解卻是專注和注意力最大的殺傷力。典型的例子是：有的人以為自己可以一邊聽別人說話一邊閱讀，這實在是大錯特錯。如果你要專心一致的閱讀，那你就不能同時聽別人說話。如果你要專心聽別人說話，那麼你就不可能專心閱讀。如果你同時做兩件事情，那麼頂多只是把注意力平均分散在這兩件事情上，但是卻無法有效率、妥善的做好這兩件事情（譬如閱讀和傾聽）中的任何一項。另外一個人們無法集中注意力的原因則是因為外界令人分心的事物。譬如外面的噪音、人們的動作、附近有人談話、還有電話鈴聲都很容易讓人分心。要能夠真正專心一致，不受這些事物的分心的確不容易，但是我們可以透過練習來改善這樣的狀況。如果你有足夠的動機要傾聽對方的談話，那麼你就得專心一致，並且忽略這些外在事物的干擾。

◆對於傾聽的負面態度

許多人認為傾聽是一種被動、溫和的行為。這種態度可以說是有效傾聽最難以化解的障礙。我們的教育體系能夠教導出許多辯才無礙的人才，但是在傾聽的技巧上卻非常的差勁。我們從童年開始一直到進入社會，外界都一直教導我們重視談話的重要性，但是卻忽略了傾聽這個重要的環節，當我們成年之後便以為傾聽是一種被動的行為。我們深信談話代表權力，當我們掌控全場的時候，便等於掌握了權力。諷刺的是，這樣的想法其實是大錯特錯。當兩個人同時都想要爭取對方的注意力，都想要掌控全局的時候，他們不但不會注意聽對方講話，而且還會彼此產生敵意。結果雙方的關係陷入緊繃，信賴的程度大幅下降，生產力也因此遭到侵蝕。換個角度來看，傾聽才真正能夠讓你掌握「權力」。當你傾聽對方說話的時候（真正的聆聽），他們會告訴你哪些是貼近他們需求的最好辦法。他們會對你開始產生好感，因為你讓他們有了表達心聲的機會。當輪到你發言的時候，他們也會更加注意你所傳遞的訊息。這麼一來，自然能夠達到雙贏的局面。

◆經驗與背景

以前的學習背景與經驗攸關著你在傾聽技巧上的表現。譬如，如果字彙懂得不多和字彙懂得多的人對話，那麼字彙懂得不多的人必然會覺得對方的話很難聽得懂。你可以設身處地的想像，如果對方老是用一些你聽不懂的詞彙，你可能會不好意思問對方這到底是什麼意思，免得自曝其短。過了一陣子之後，如果對方還是使用一大堆你不懂的字眼，那麼你很可能會對這個狀況感到沮喪，並且對此人產生排斥感，自我安慰的假裝對方所說的話反正沒有什麼價值。語言、方言及俗語也會產生同樣的問題。當你無法了解對方所說的話時，你有兩個選擇：第一是要求對方用更清楚的說法來解釋他的意思，第二則是對對方產生排斥感。不幸的是，許多人都是選擇後者。對方所談資料的困難度也會對有效傾聽造成阻力，如果談話者所說的資料超出傾聽者的經驗和過去的背景，那麼傾聽者很可能會對對方的談話產生排斥的感覺。

◆不良的傾聽背景環境

你選擇在哪裡進行溝通及傾聽會對你傾聽的效果造成很大的影響。如果你們溝通的地方充滿了各種容易讓人分心的事物，譬如噪音、來往行人等等，那麼你的注意力及專注程度都可能會面臨嚴重的挑戰。為什麼置身於這麼「誘人」的處境呢？你大可選擇沒有任何分心因素的環境來進行溝通。筆者之一曾經和一些商界老友在餐廳餐敘，這家餐廳非常的熱鬧，在對話的過程中，經過的顧客老是令這些商界老友分心。結果這場會談自然沒有產生什麼結論，而且雙方對於所溝通的訊息都有些誤解。這也難怪後來他們的會議都改在沒有窗子、沒有電話、沒有任何外界事物干擾的房間內舉行。現在他們只要用比原本少四分之一的時間就可以完成兩倍的成果。

不論雙方坐得太近或太遠，都會影響傾聽的效果。因為如果說話者坐得太靠近傾聽者，可能會侵犯了傾聽者的「個人空間」。這可能會使傾聽者滿腦子都想著兩個人坐得多麼近，反而沒有注意雙方溝通的訊息。如果傾聽者坐得距離說話者太遠，那麼傾聽者可能會錯過重要的訊息（言語上及非言語上的訊息）。當背景環境太熱、太冷、太舒服或很不舒適，都可能構成不良的傾聽背景。傾聽者可能將注意力都擺在周圍的環境上，反而忽略了對方溝通的訊息。

◆情 緒

許多無效的傾聽者會把說話者歸類或是對他們存有先入為主的觀念。這往往會使得傾聽者過度美化或扭曲對方所傳達出來的訊息。譬如，許多傾聽者會只憑說話者的形象而對其所傳達出來的訊息品質及接受與否有先入為主的觀念。如果說話者具有某種特定的形象，傾聽者可能會把說話者歸類為「我們這一類」，因此會正面的曲解對方所傳達出來的訊息。另一方面，如果說話者的形象並不吻合傾聽者的類型，傾聽者可能會把說話者歸類為「他們那一類」，並且負面的扭曲他所說的話。同樣的道理，如果我們喜歡說話者，我們會用同理心來聽對方說話，但是如果我們不喜歡這個說話的人，連帶的也會以負面的態度來看待他所傳達出來的訊息。

當我們對說話者有先入為主的觀念時，便會根據這樣的「分類」來曲解對方的訊息，不管究竟是對還是錯。這種做法純粹是選擇性的觀點。如果我們把說話者貼上無聊的標籤，那麼我們自然會認為他的談話無聊透頂。如果我們把說話者貼上聰穎的標籤，那麼自然會認為他的談話精采萬分。

我們過去和現在的信念、價值觀也都會影響傾聽的效果及態度是否客觀。如果實際的訊息和我們目前所秉持的信念吻合，那麼我們往往會更加仔細的傾聽，並且抱持著更加正面的態度。但是如果訊息內容和我們所秉持的信念相互牴觸，那麼我們往往會在心裡暗自批評或反駁。這種心理作用往往會使得傾聽過程受到很大的影響。各位必須了解到，如果你在傾聽對方說話的時候過度情緒化，結果會曲解對方所傳達出來的訊息，而雙方的溝通自然也會就此瓦解。

◆做白日夢以及幻想

許多心理學家都認為白日夢能夠為生活增添一些色彩。但是，如果我們不能控制做白日夢的頻率或時機，那麼很可能會對情緒和傾聽的效果造成很大的傷害。我們在傾聽過程中之所以會陷入白日夢或幻想之中，其中一個原因便是因為我們的思考速度比說話速度快出將近四倍。在一般的人際對話過程中，人們每分鐘通常可以講一百二十五個字到一百五十個字。不過，我們每分鐘卻可以接收大約五白個字。這表示傾聽者實際上只需要傾聽大約三分之一到四分之一的時間就可以領略對方的訊息。有效傾聽者會有效運用這些多出來的時間，但是無效傾聽者則會利用這些多出來的時間大做白日夢。

◆說話方式

有些說話者說話的方式很容易讓傾聽者接受。如果說話者花些時間把自己的訊息進行一番整理，那麼傾聽者會覺得比較容易聆聽（如果說話者隨著興致，想到哪裡說到哪裡，那麼傾聽者自然會比較難以接收）。有些人說話很快，有些人則說得比較慢。有些傾聽者比較喜歡快速的說話方式，但是別的傾聽者則喜歡緩慢的說話方式。換句話說，不同出身背景的傾聽者適合不同速度的說話方式。譬如，美國東南部的人比東北部的人更習慣緩慢的說話方式。如果偏離地理或文化方面的背景，便可能會造成傾聽上的問題。不過，如果傾聽者了解這樣的狀況，並且努力適應不同領域的說話風格，這樣的問題照樣能夠迎刃而解。

在學習、決策和行為風格上各異的人很難傾聽彼此的談話。譬如，有些人比較傾向聽覺，有些人則比較傾向視覺或思考。這表示，有些人比較傾向用傾聽的方式接收對方傳達的訊息，有些人則比較容易以視覺來接收訊息。有些人偏好接收比較正式以及實際的資訊，另外有些人則偏好比較個人以及一般性的資訊。誠如各位所見，說話風格與傾聽偏好不同的人很可能會面臨傾聽方面的問題。通常來說，如果傾聽者和說話者的說話方式不能吻合，傾聽者往往會對對方所說的話產生排斥的感覺，或是曲解對方的意思。但是如果傾聽者知道有哪些讓他很難接受的說話方式，那麼他可以訓練自己提升專注的程度，當日後再碰到這些風格的時候，他可以更加專注的傾聽對方說話。

◆缺乏傾聽的技巧

缺乏學習而來的傾聽技巧可以說最容易克服，但是卻也是最容易被忽視的障礙。如果你試圖消除這樣的障礙，這表示你了解先前所提到的各種障礙並且希望能夠一一克服。當你為了克服這個障礙而採取更進一步的行動時，那麼就需要運用到本章下一個部分將會討論到的傾聽技巧。不過最重要的是，克服缺乏傾聽技巧這個障礙最好的方法莫過於激勵自己成為更優秀的傾聽者。閱讀本書，特別是本章的介紹，便是跨出重要的第一步。我們希望各位能夠繼續努力，提升自己的傾聽和其他的溝通技巧，並且發揮所學。這樣自然能夠協助你克服許多有效傾聽的障礙，並且讓你成為更有效的溝通者，與更加稱職的經理人。

有效傾聽的十九條戒律

成為有效傾聽者的條件包括了誠懇及常識，有些原則看起來很簡單或微不足道，不過令人驚訝的是，許多人還是會把這些原則忘得一乾二淨，並且在不自覺的情況下令對方覺得受到汙辱。一般來說，你不會故意要對別人不禮貌，但是有時候對某個話題過於投入或是急著想要發表高見會令你忘記禮貌這回事。有的時候，你則是過於執著於自己的意見，結果不管員工說什麼你都聽不進去，基本上你根本就是充耳不聞。因此當你和別人對話的時候，務必要將以下這些傾聽的原則謹記在心：

1. **記住，你不可能一邊傾聽對方說話，還可以一邊講話：** 這雖然是有效傾聽最簡單的原則，但是卻也是人們最常違反的原則。人們在談話的時候如果急著發表自己的高見，往往會在對方還在說話的時候突然打岔。他們會利用對話稍微停頓的機會，趁機如連珠炮般的向對方發表自己的意見。這種趁機插話的做法不但會令對方感到惱怒，而且會使得溝通速度放緩，因為原本來說話的人在躲過你的連珠炮之後，必須重新整理思緒，然後繼續被你打斷的話題。你應該等到對方的話告一段落，然後才告訴對方你的看法，而不是任意打斷對方的談話。優秀的傾聽者會抱持著輕鬆的態度，不會給人急著搶話講的印象。讚許是人們唯一可以接受的「打擾」，說話者會以微笑來接受這種型態的肯定以及讚許。不過就算如此，他的思緒也可能因此而中斷，結果必須重新消化一番，才能夠繼續原先的話題。另外，像是點頭或鼓勵對方的微笑都是說話者可以接受的動作，不過還是要當心，不要打斷了對方談話的思緒。

2. **傾聽說話者的主要想法：** 有些特定的事實唯有和主題配合的時候才有其重要性。而且如果斷章取義的話，還可能會造成誤解。將對方所陳述的事實和其主要訴求連貫起來，並且衡量對方的用字遣詞。利用思想快於說話速度的優勢，並且不時想想討論已經告一段落的部分。不過這樣的檢討過程要當心，不要假設對方沒有說過的事情。優秀的傾聽者應該試著猜測對方將會陳述的重點。問問自己這個問題：「對方到底要說些什麼?」或「他的重點是什麼?」如果你猜得正確的話，那麼你的理解層次就能夠獲得提升，你也會更加的專注聽對方說話。如果你猜得不正確，那麼你會從自己的錯誤裡學到教訓。不過，除非你在積極傾聽這方面的經驗老到，不然最好不要過度使用這個方法，否則你可能因此而錯過對方所說的重點。

3.**對於自己的情緒盲點保持警覺：**情緒盲點 (Deaf Spots) 是指一些會讓你分心或思緒陷入糾葛的字眼。這些盲點會產生一連串的反應，並且產生心理的障礙，令你無法繼續專注傾聽對方所傳達出來的訊息。每個人都有這樣的盲點，因此找出哪些字眼會讓你的思緒陷入紛亂，並且分析為什麼這些字眼會對你造成這麼大的影響，都是非常重要的課題。筆者之一曾經為一些儲蓄與貸款機構的員工提供訓練課程，他無心之中用了「銀行」這個字眼，結果意外的發現這些儲蓄與貸款機構的人員非常不喜歡別人用「銀行」來稱呼他們的機構。「銀行」這個字眼是部分與會人士的情緒盲點。筆者注意到這樣的現象，立刻停下他的演講，回頭了解究竟是哪些因素造成觀眾的反感。與會人士非常客氣的解釋「銀行」這個字眼對他們造成的負面影響。不過你在和員工溝通的時候可能不會這麼幸運。最重要的是，當說話者提到某些刺激情緒的字眼時，還是要專注的傾聽對方。

4.**避免因為外界事物而分心：**訓練自己專心傾聽員工說話，儘管辦公室電話鈴響、人們來來往往的走動，還有各式各樣的噪音，無論如何都要盡量避免因為這些外界的干擾而分心。此外，說話者的特殊癖好也可能會令你分心，不過對方的特殊癖好或許會讓你覺得不舒服，但你還是應該評斷對方所說的訊息內容，而不是對方說話的方式。特殊的說話方式可能會令你分心，不過別把注意力擺在對方奇特的說話方式上。專注在員工的話語、想法、感受以及目的上。透過練習，你可以改善專注的力量，排除外在和內在可能令你分心的事物，並且把所有的注意力都集中在說話者所傳達出來的訊息。

5. **不要發怒**：所有的情緒都會阻礙傾聽的過程，不過憤怒對於傾聽效果所造成的殺傷力最大。優秀的傾聽者應該盡量擺脫情緒的包袱，這樣才能夠接收到對方傳遞出來的訊息。他會盡力了解說話者的意思，而且不會妄自評斷對方的價值。

6. **不要對自己的記憶力太有自信，重要的資料不要只記在腦袋裡，應該拿紙筆把這些資料記錄下來**：不過筆記應該盡量簡短，因為當你在記錄的時候，傾聽的能力會隨之減退。各位要記住，你不可能同時有效率的做好兩件事情。只要記錄關鍵字或是句子，而不是把整個理念巨細靡遺的記錄下來。只要這些筆記能夠喚醒你的記憶即可，稍後你可以回憶這些訊息的完整內容。看看自己的記錄，確定自己所記的內容都可以理解，並且在接下來和員工接觸之前，務必要再度看一遍這些記錄。

7. **先讓員工發言**：當員工向你解釋他們所面臨的狀況時，他們可能會透露一些很有意思的事實跟很有價值的線索，能夠讓你順利協助他們解決問題或滿足他們的需求。讓員工先發言，你也可以節省時間，因為你可以針對他們特定的需求、目標以及目的來調整討論的方向。透過這樣的做法，你也有機會取捨跟這名員工比較不相干的話題。

8. **設身處地的為員工著想**：盡量從員工的角度來看事情。

9. **不要隨便評斷對方**：判斷訊息的價值，但是不要對說話者表達方式的能力妄下斷言。此外，在判斷對方的意圖以及意思之前，必須先了解說話者用字遣詞的背景，不要匆促的妄下斷言。

10.**針對訊息加以回應，而不是針對個人：**不要因為你對說話者的個人印象影響到你對對方所言的判斷。就算你不喜歡對方的形象或是個性，但是對方還是可能說出很有道理的想法、理念或是論點。

11.**不要拘泥在說話者的字面意思，應該努力了解對方言語背後的情緒層面（透過音調以及視覺的訊息）：**當對方在發言的時候，問問自己以下這四個問題：

A. 對方有什麼感受？
B. 他這麼說是什麼意思？
C. 他為什麼這麼說？
D. 他所說的這番話有什麼涵義？

12.**多多利用回應的力量：**不時檢討自己對對方所言是否了解。不要光聽自己想聽的部分。此外，也要不時的詢問對方對你剛剛說過的話有什麼意見或是反應。

13.**選擇性的聆聽：**在談話的過程中，員工很可能會告訴你一些事情，能夠協助你找出他們的問題、需求、目標或目的。這些重要的訊息可能就隱藏在對話中。你得仔細聆聽，找出這些重要的資訊。不時的問問自己這個問題：「員工告訴我的這些訊息中，哪些部分能夠讓我滿足他的需求、解決他的問題以及成就他的目標？」

14.**放輕鬆：**對方跟你說話的時候，應該以自然、輕鬆的情境讓對方可以自在談話。盡量不要給對方你老是搶著講話的印象。態度專注，身體可以稍微前傾，做出有興趣的表情，也就是做出優秀傾聽者的模樣。

15.**就算對方的意見和你不同，也不要嚴詞批評（不論是心理上或是言語上）：**壓抑自己的脾氣還有情緒，試著傾聽對方的意思，並且務求真正的理解。要有耐心，給員工足夠的時間充分發表他的想法。你可能會發現到，原本你不認同的部分其實也沒有那麼糟。只要你能夠給對方一半的機會，並且保持開放的心胸，那麼你可能會發現對方所說的訊息讓你獲益匪淺。

16.**仔細的聆聽：**面對員工，不要蹺著二郎腿，或是雙手抱在胸前。兩眼溫和的看著對方，以點頭和臉部表情表示肯定，不過不要做得過頭。不時以「嗯……」、「繼續」、「是的」之類的話來回應員工。

17.**在你的能力範圍之內，營造一個正面聆聽的環境：**盡量營造一個隱私的環境，避免任何可能令雙方分心的事物。不要侵入說話者的「個人空間」。努力營造一個有助有效傾聽的環境。

18.**詢問問題：**詢問開放、探尋感受的問題，讓員工能夠表達自己的感受及想法。利用「持續」、「重複」以及「澄清式」的問題，鼓勵員工發言及澄清模糊的地方。有效利用問題能夠讓對方覺得你的確很有興趣、聽得很仔細，而且你也可以藉這樣的機會發表你的看法。

19.**傾聽的動機：**要是沒有正確的態度，前面所建議的傾聽原則其實都是白費。各位要記住，天下沒有無趣的說話者，只有無聊的聆聽者。每次和員工談話之後，試著回答以下這些問題，可以讓你的傾聽技巧更加的圓融。

(1)我是否了解他想要表達的每一個重點？
(2)我是否在他還沒講完就對他的話妄下斷言？
(3)我是否在他還在講話的時候，心裡就已經做出了決定？
(4)對方說完之後，我是否對他所說的資訊進行評估？
(5)對方還在說話的時候，我是否試著找尋蛛絲馬跡，證明他的論點錯誤？

(6)我是否試著找尋蛛絲馬跡，證明對方的論點正確?

(7)我是否試著找尋蛛絲馬跡，證明自己的論點錯誤?

(8)我是否試著找尋蛛絲馬跡，證明自己的論點正確?

(9)我在聽對方說話的時候，曾經有不高興的情緒嗎?

(10)對方和我討論他的想法時，我是否覺得他的想法不正確?

(11)我是否在還在傾聽的過程中，就直接跳到結論的部分?

(12)我是否一半的時間都給對方發言?

(13)我是否了解他的意思?

(14)我是否正確無誤的重述他的意思與感受?

(15)我是否能夠精準的找出對方所作的假設，並且和我自己的假設進行比較。

(16)對方在說話的時候，我會不會注意他的音調、姿態、行動以及臉部的表情?

(17)我是否聽出他的絃外之音?

(18)對方為了證實自己論點所說的話，我是否會加以評估?

(19)我是否真的傾聽對方說話?

(20)我是否真的想要聽對方說話?

(21)我是否真的讓他覺得我的確對他所說的話很有興趣?

傾聽者正面的反應能夠鼓勵員工更加自在的表達自己需要、渴望的事物，以及他們的目標、目的和問題。從另外一個層面來看，如果傾聽的習慣不好，或是傾聽者出現負面的反應，都可能會使員工感到不自在，抱持著防衛的態度，甚至於產生敵意。這兩種截然不同的反應，你想要哪一種?

改善傾聽技巧的練習

以下將會介紹一些改善傾聽技巧的練習，筆者在許多改善溝通和傾聽技巧的研討會中都曾經說明過這些例子。其實不管你想要精進哪一種行為技能，只要不斷的練習就能夠讓你順利達到完美的境界，當然傾聽的技巧也不例外。透過不斷練習，你可以讓這些概念成為實際生活中的一部分。

此外，做完接下來介紹的「傾聽活動計劃」，能夠讓你更加貼近成為真正積極聆聽者的目標。

◆練習一

試著聆聽幾段發言，其中可能有一些你不怎麼熟悉的字彙，在你傾聽的時候，試著根據這些話呈現的方式來猜測這些字是什麼意思。這個練習能夠增強你的字彙，並且讓你更有效率的傾聽，因此應該多做幾次這樣的練習。這個練習的目的在於改善你傾聽的字彙能力，這樣你才不會因為複雜或是不認識的字眼而感到沮喪（如果因為說話者講了很多你聽不懂的話，你很容易就會對對方產生排斥的感覺）。

◆練習二

試著和說話風格不同的人談話。經常和不同說話風格的人談話不但有機會可以練習你的傾聽技巧，而且日後當你和表達方式不同的人講話的時候，自然會感到更加自在，而且傾聽的效果也更好。

◆練習三

想像一下，五分鐘之後有個人會來和你晤談，這個即將走入你辦公室的人非常想要見你，但是你對這次會晤卻有著非常矛盾的心情。你不太想在這時候見到這個人或是和他談話。你趁著等待的空檔，在腦袋裡勾勒這個人的模樣，以及和對方接下來半個小時或一個小時的晤談。這個人一走進辦公室，你會怎麼形容這個人？年輕還是老邁？男性還是女性？思想開通還是保守？這個人的外表是什麼樣子？他／她穿著什麼衣服？這次晤談的主題是什麼？為什麼你現在會這麼不想見他或是不想和他談話？另外則是想像一個你現在很想見的人，然後做同樣的練習，問同樣的問題。在這個想像練習結束的時候，將這兩個筆記做比較。你們可能會有非常出乎意料的發現。這個練習主要是讓你了解自己比較容易和哪些類型的人互動，以及覺得哪些類型的人比較難以溝通。有了這樣的了解和認知，就能夠擺脫情緒的障礙，轉以更開放的心胸，更加體諒原先覺得很難溝通的人。

◆練習四

把你和別人晤談的過程錄下來，這個大約十五分鐘到二十分鐘的訪談當中，你扮演著有效傾聽者的角色。結束之後看看這個錄影帶，並且計算以下這些做法的次數：第一，因為外界事物的刺激而分心，第二，因為自己個人的想法而分心，第三，心裡的想法快於對方說話的速度，第四，在對方說話的時候妄自對其價值做出評斷，第五，因為對方所說的話而打斷對方，第六，對方停頓的時候趁機發表自己的高見。

傾聽與互動式管理

如果你真的願意學習如何傾聽的技巧，那可得花許多功夫學習這些技巧，並且不斷的練習，才能夠讓這些技巧達到完美的境界。最重要的關鍵在於了解傾聽是一種必要的技巧，其重要性絕對不下於閱讀、書寫以及說話這些溝通技巧。而且，傾聽的重要性也不能低於說話。說話向來都最受人們重視，但是各位得了解，如果沒有人傾聽的話，說再多的話也是枉然。當員工訴說問題的時候，如果他們覺得經理了解他們所說的問題，那麼心裡的壓力自然會舒緩許多。當你積極傾聽員工的談話，真正試著了解他們的時候，他們很可能會用同樣的態度來回報你，仔細傾聽你的意見，並且試著了解你所說的重點。而這不也是互動式管理的真諦所在嗎?

傾聽活動計劃

1. 當＿＿的時候，我可以有效的傾聽。

2. 當＿＿的時候，我不會有效的傾聽。

3. 三個讓我感覺最強烈的傾聽領域：＿＿

4. 三個我覺得還有改善空間的傾聽領域：＿＿

5. 這三個還有改善空間的傾聽領域，我打算分別採取什麼長期以及短期的行動步驟來加以改善：

- 短期行動步驟
- 長期行動步驟

第八章
呈現合宜的形象

你有沒有看過自己在電視或錄影帶裡的樣子？你曾經聽過錄音帶裡自己的聲音嗎？你是否曾經仔細看過自己在照片中的樣子？你覺得自己的模樣看起來和聲音聽起來如何？你所投射出來的形象是不是你希望別人看到的形象？這些自我形象能夠讓你了解別人是怎麼看你（不論是正面的還是負面的），因此非常重要。對別人投射這種「適當的」形象，能夠加速雙方信賴、和諧關係的建立。如果你投射出來恰當的形象，別人會覺得和你相處自在、舒服得多，這樣你要和他們溝通也簡單得多。另一方面，如果你的形象和其他人或處境格格不入，那麼這會對有效溝通產生難以克服的障礙。在甘迺迪和尼克森競爭總統寶座的辯論會中，甘迺迪是以翩翩風采居於上風（這是大家公認的事實），而不是以其辯論的內容取勝（而這場辯論會也是選舉結果的重大轉折點）。我們所投射出來的形象有多麼重要由此可知一二。

雖然聽起來非常的不理性，但是人們以貌取人的事實卻是不容否認的。全天下沒有幾個人能夠克服不好的第一印象，而讓別人發掘他們深藏不露的才華。人們對於某些形象特質的反應一般來說都是可以預測的，而人們對於可以預測的事情會感覺比較自在。這聽起來也許沒有什麼道理，但是能夠秉持形象原則的經理人往往會比不注重形象的經理成功得多。經理人如果外表舉止像個公司的執行長，那麼會比沒有這種形象的經理人具備更大的決策優勢。

沒有多久之前，我們有個朋友到遠地出差，但是到了當地之後全身突然長滿了疹子。那時候他人在異鄉，又沒有平常的家庭醫生可以諮詢，只好到當地的大型醫療中心就診。當時已經很晚了，他得等一個多小時才會有醫生過來為他看診。等待的時間漫長得像是等了一輩子，最後終於走進來一個年輕的女性。她看起來應該不會超過二十五歲，她留著長頭髮，穿著流行的緊身牛仔褲和寬鬆的襯衫。她自稱是醫生，盯著他的疹子看了幾分鐘，但是並沒有碰觸。她說明她的診斷，並且開了處方之後就離開了診療室。但這位朋友一點也不服這位醫生。事實上，由於這位醫生呈現出來的形象及缺乏專業的做法，令他對她的處方和診斷都深感懷疑。結果第二天一大早，他就趕到鎮上另外一家醫院。這家醫院的醫生花了將近三個小時對他進行詳細的檢查，這讓他覺得很放心。當這家醫院的醫生開了處方之後，他才發現原來這處方和前一天晚上第一個醫生所開的一模一樣。不過他對第二個醫生比較有信心，因此也比較願意服用他的藥。這個故事的重點在於醫生的形象。第一個醫生穿著、舉止所呈現出來的形象都讓病人產生懷疑、緊張與不信任的感覺。第二個醫生則正好相反。我們這個朋友對於第一個醫生的觀感與她的專業能力沒有任何關聯。事實上，她必然是有相當的專業水準，才能夠在三分鐘之內完成正確的診斷、開出正確的藥方（第二個醫生花了將近三個小時）。就如同甘迺迪和尼克森的辯論會，真正的癥結在於這兩個醫生的形象上。你以為我們這個朋友對女醫生有偏見嗎？那可不。他自己的家庭醫生就是個女醫師。

形象的元素

你呈現在別人眼裡的形象具有許多不同的元素。在這些元素中，包括了你呈現出來的第一印象、知識的深度、知識的廣度、你的彈性、熱情與誠懇。這是形象的六大要素。讓我們進一步深入探討：

◆第一印象

各位可能都聽過「先入為主」(First Impressions Are Lasting Impressions) 這句話，不過你有沒有深入思考過這個道理？你有沒有想過你給別人什麼樣的第一印象？所謂第一印象就是別人對你初步的看法，這包括了你的穿著、聲音、舉止、握手的方式、眼神的接觸以及肢體語言。你對這些要素的選擇會對你給別人的第一印象造成很大的影響。如果你給別人留下良好的第一印象，那麼雙方的初步互動還有接下來的接觸都會順利得多，而且雙方也會覺得自在許多。但是如果你留下不好的第一印象，雙方的關係可能還沒開始萌芽就已經胎死腹中。第一印象很難扭轉回來，許多人寧可放棄，也不願白費力氣去改變別人的第一印象。

你有沒有只憑著對他人的第一印象，評斷對方的人格或能力？當你想到說話帶著濃厚布魯克林口音的人，頭一個想法是什麼？如果是帶著新英格蘭的腔調呢？如果對方握手的力道很輕，會給你什麼印象？如果對方看起來很邋遢、不注重衛生、字彙能力不高、姿態很難看或穿著不得體，你會有什麼樣的觀感？或許你會認為這些缺點不至於影響你給別人的第一印象。少自欺欺人了！我們沒看過幾個人有辦法改善別人對他的第一印象。各位請往下看。

我們在研究所有個朋友，他剛畢業的時候找不到工作。去過好幾所大學應徵教員的工作，但是都沒有下文，他一直無法理解為什麼無法找到像樣的穩定工作。這和他的專業能力沒有任何關係。他是個才華洋溢的人才，這點是大家公認的。後來有個大學的主管幫了他很大的忙（儘管他還是沒有獲得該所大學的工作），這個主管把他拉到一邊悄悄的透露，他的問題出在形象上，這使得其他的面試委員對於他的專業能力連帶產生疑問。我們這個朋友並沒有留下良好的第一印象。如果你有機會認識他的話，你一定也會認為他非常友善、溫馨，而且樂於助人。但是他給別人的第一印象卻有待商榷。首先，他選擇的衣服簡直糟糕透頂，全是便宜貨還不打緊，他還會把各種不合的顏色搭配在一塊。不只如此，他從來不擦皮鞋，頭髮看起來總是油膩膩的，和別人握手的力道也是軟趴趴的，說話的音調緩慢、平坦沒有變化，和別人說話的時候幾乎都不會看著對方。換句話說，他的整體形象相當糟糕。

我們說這個故事不是為了要讓這個朋友出醜。我們真心佩服他在專業上的表現以及珍惜這份友誼。我們的友誼已經超脫出第一印象的藩籬，我們了解他的思考模式及做事的方法，也知道他怎麼對待別人。可惜的是，他所呈現出來的形象和他給別人的第一印象卻讓別人不想深入了解他，因此自然無從建立起深厚的關係。結果大家永遠也不會知道他是個多麼好的人。我們覺得這個故事充分呈現出第一印象殘酷的一面，大多數人總是以貌取人，不幸的是這個事實永遠都不會改變。除非你盡最大的力量呈現出最美好的形象，才不會在第一關就被打敗。

研究結果顯示，只要調整你給別人第一印象中的幾個要素，就能夠改變別人對你的態度。譬如，你可以很輕易地改變你握手的方式。和別人握手的時候應該要有些力道，不過不要握得太緊。如果緊到好像要夾碎骨頭的地步，那麼和握手軟趴趴一樣會造成負面的反應。另外還有一點很重要，握手的時候不要握太久。如果握得太久，對方可能會開始懷疑你的意圖。在握手的時候應該兩眼注視對方，這樣有助於雙方良好關係的建立。

在你們握手之前，對方會先看到你的坐姿或走路的姿勢，他們也會看到你的穿著以及你的舉止。說到坐姿和站姿，我們只有一個建議，那就是過與不及都不好。昂首闊步，拖著腳步，走路輕浮，或是駝背都可能會投射出負面的形象。同樣的，當你縮在椅子裡，或一隻腳蹺在椅子把手上，或任何奇怪的坐姿都可能會給別人留下不好的印象。避免過度的極端。坐要坐得端正，走路要抬頭挺胸，並且保持著自然的姿態。

個人儀容和衛生習慣的重要性就更不用說了。儘管良好的儀容及衛生習慣如此重要，人們還是常常忽略這些細節。你公司裡看過多少人（不管他們的位階到底多高）的指甲裡有汙垢的？還是衣領或夾克上沾著頭皮屑？你有沒有看過任何男性同事鼻毛過長的？還是女性同事濃妝豔抹、噴了太多香水？吃完午餐之後，嘴巴裡還殘留強烈的鮪魚味、洋蔥味或濃濃的酒味？有沒有同事身上的西裝、襯衫、洋裝、裙子或鞋子發出酸味？你有沒有犯過這些令人反胃的毛病？你的個人衛生與儀容給別人留下什麼樣的印象？這點你要非常當心，如果有必要的話，務必要立刻改善。

穿著能夠對外在形象提供非常大的加分作用。如果穿著得宜、穿的有技巧，別人對你的個性也會有正面的反應，這讓你和他人成功互動的機率大幅提升。不過身為經理人，各位的穿著猶如走高空鋼索一般，分際很難拿捏得準。為了在階級架構中往上爬，你的穿著必須要有權威和成功的氣息。但是你又不能給員工過於盛氣凌人的感覺。這聽起來好像是不可能的任務，但是還是可以辦得到的。

在適當的場合穿著保守的衣著能夠呈現出成功及權威的形象。試試看天然纖維的衣服，這種材質的衣服雖然比較昂貴，但是卻比較耐久，而且看起來也比較有質感。這包括了棉製的西裝、襯衫或絲質的上衣、領帶、圍巾、皮製的鞋子、皮帶及公事包。衣著的顏色、式樣及風格應該保守。襯衫或上衣適合白色、藍色與柔和色系，保守的格子和細直紋也很合適。西裝則適合各種色調的灰色、藍色（不過男性西裝應該避免淡藍色）和灰褐色。你所有的衣著都必須具備適當的風格。

我們必須承認，我們親眼見識過有人雖然謹守上述的穿衣原則，但是因為不知道如何搭配，結果還是給人很糟糕的第一印象。各位想必也見識過細直紋西裝搭配格子襯衫與花領帶的人。你得知道如何適當的搭配衣著，才能夠呈現出你想要的形象。你身上衣服的顏色應該要互補。領帶或圍巾的顏色應該挑西裝或襯衫上有的顏色。男性的襪子應該和鞋子或西裝搭配。長袖襯衫或上衣很適合搭配西裝外套，這樣的搭配能夠突顯出成功、權威的形象。珠寶及首飾則力求簡單實用。

如果你的身高、體重和年紀會為你帶來情緒上或形象上的困擾，那麼你可以利用衣著來緩和這樣的壓力。譬如，個子很高的人應該避免深色系以及過於沉重的衣著，盡量選擇柔和的色系與材質。個子矮的人正好相反。他們可以選擇比較權威的衣著，譬如男性可以穿深色系的細直紋西裝、背心、白襯衫和翼紋鞋，女性則可以穿深色系、剪裁合身的套裝，還有樸素、質感佳的上衣。比較胖的人適合深色的西裝或外衣，可以讓自己看起來比較瘦，本來就很瘦的人則適合淡色系的衣服，這樣會讓他們看起來稍微豐滿一些。可能需要呈現權力及權威形象的年輕人，其穿衣哲學則和個子比較矮的人一樣。至於年紀比較大的人（其權力及權威已經到達一定程度），其穿衣哲學則和個子比較高的人一樣。當你和公司裡掌握你升遷大權的主管在一塊的時候，穿著應該呈現出成功、權威與保守的形象。毫無疑問的，這樣的形象會讓你的老闆對你更加重視。當你展現出權威及成功的形象時，你所提出來的建議也比較可能立刻受到採納。不過當你和員工相處的時候，可以針對形象做些微的調整。你可以鬆一鬆領帶或領巾，解開襯衫的第一個扣子，並且脫掉背心（及）或夾克。這樣你可以呈現出比較輕鬆的形象，而你和員工的溝通也可以進行得更加順暢。當你同時和主管以及屬下共處的時候，你要對他們展現出什麼樣的形象？你得對這樣的問題進行一番價值判斷才行。現在各位已經掌握了形象以及穿著的知識，未來如果碰到類似的情形，自然能夠比以前更加得心應手的做出正確決定。

你的衣著、聲音、儀容、姿態和握手的方式，攸關別人對你的看法。第一印象的確非常重要——如果你未能呈現出適當的形象，留給別人良好的第一印象，那麼這些惡劣的印象終究會令你吃盡苦頭。盡你最大的努力營造良好的形象，讓良好的第一印象成為你的助力。

◆知識的深度

這是指你對自己專長的領域了解得有多深。你對於自己服務的公司、產業有多了解？你是否時時觀察公司具備哪些長處和短處？你是否了解在公司裡當個優秀的經理人必須具備哪些技巧和特質？有沒有人因為佩服你的專長，特地前來請教你對於公司和產業的看法？還是說，你對於專業領域的了解淺薄，讓員工、同儕及長官都不敢領教？你在專業知識方面的深度是否為你贏得員工與同儕的敬愛？還是說你曾經聽他們說過這種話：「他的工作我也會做」？

如果你不覺得知識的深度會影響到你的形象，那麼你可就大錯特錯。你得傾注所有的力量了解自己服務的公司及產業，對於公司的政策與作業流程，你得熟悉得倒背如流，還得深入了解公司的產品與員工，研究所處產業目前的處境與未來的發展趨勢，並且衡量公司在業界與競爭對手的排行高下。至於公司提供的訓練課程一個也不要放過。當你具備的專業知識與日俱增的時候，自然能夠展現出智慧以及可靠的形象，並且獲得員工的敬重以及同儕、主管的肯定。

◆知識的廣度

這個部分指的是你和別人討論專業領域之外的能力。譬如，禮拜六的球賽是哪一隊贏了？當前世界局勢的最新發展？你是否熟悉最新出版的書籍以及最熱門的電影？你是否能夠和別人討論他們有興趣的事物？

透過知識廣度的提升，你能夠更輕易的和別人建立起和諧的關係。

你和別人談話的時候，不要把話題侷限在你自己有興趣的領域，這樣對方能夠比較自在的和你談話。當你願意（而且能夠）和對方討論他們有興趣，或是對他們而言很重要的主題時，他們會覺得和你相處很舒服。他們知道你可以和他們分享一些共同的事物。研究結果顯示，人們覺得彼此之間的共通點越多，他們就會越喜歡對方。擴大知識的廣度，能夠讓你擴大勢力範圍，影響更多不同類型的人。

擴大知識廣度的重責大任完全要靠你一肩挑起。不管你年紀多大或背景如何，其實有一些事情是你現在立刻就可以開始做的——從而擴大你的知識廣度。我們建議各位每天閱讀當地的報紙，從頭讀到尾。不要只看體育版、漫畫版、時尚版，或是分類廣告。應該所有的內容都讀透透。除了閱讀日報之外，每個禮拜還可以挑一本主要的新聞性週刊來看。如此一來，你不僅熟悉國內外大事的發展，而且還了解一些教育、藝術、體育、書籍、電影之類的額外知識。一年至少要讀兩本書（不屬於你平常興趣範圍的書），小說類和非小說類都應該涉獵。

諸如洗澡、刮鬍子、化妝、開車去上班、開車下班、煮飯之類非生產性質的時間都應該盡量利用。在這些非生產性質的時間中，你可以看晨間新聞、晚間新聞、隨時聽廣播，或聽有聲書之類具有教育意義的資料。最後，就算你對於對方所討論的主題並沒有那麼熟悉，你還是可以透過問題的提問來表達你的興趣，這是最有效的學習方法之一。各位要記住，閱讀、傾聽以及和別人互動可以說是擴大知識廣度最簡單的方法。

◆彈　性

這裡所說的彈性是指你配合別人調整自己行為的意願與技巧。當你為了和別人有效的進行溝通、互動，而跨出你的「舒適區」(Comfort Zone)時，便展現出你的彈性。這是你對自己所做的調整，而不是對別人。如果對方不適應你那麼明快的步伐，你為了配合對方而放慢自己的腳步，這就是彈性的實踐。如果你花些時間傾聽對方向你訴說他自己的故事，而不急著開始討論公事，這也是一種彈性。當你努力站在同一個層次和對方溝通、當你比平常更加仔細的向對方說明、當你努力滿足對方個人及事業上的需求時，在在都展現出你的彈性。

每個人都不一樣，需要的對待方式也不盡相同，這也是為什麼彈性如此必要的原因。如果你用同一套方法對待每一個人，或是用不恰當的方式對待他人，他們會覺得和你相處很不自在，雙方的關係會就此陷入緊繃。這對你努力想要建立的互信關係反而會造成反效果。互動式管理需要公開、誠實和沒有壓力的關係才能夠順利進行。如果你透過溝通、分享來培養這樣的關係，那麼自然能夠創造出雙贏的局面。你必須抱持著合理、體諒的態度，並且巧妙的展現彈性的行為，自然能夠達到這樣的境界。

◆熱　情

你最喜歡哪個演藝人員？讓我們假設這個情況：你今天晚上要去聽一場慈善演唱會，這場演唱會的主唱者是你最喜歡的歌星。由於這是屬於慈善的性質，每張門票要價二十五美元。你和女伴還沒到達會場，五十美元就已經飛了，而你們什麼都還沒有欣賞到。歌星出場之後，觀眾席響起了如雷的掌聲。在一般演唱會，歌手通常會演唱大約十二首到十五首歌曲。當這位歌星一走上舞臺，就直接拿起麥克風開始演唱。他總共唱了十五首歌曲，你以前就聽過他演唱這些曲目。不過這回他是一直唱下去，沒有和觀眾「寒暄」，或試圖和觀眾建立互動的關係。在他唱完十五首歌的時候，這位歌星謝謝各位觀眾，然後就走回後臺。你覺得你和女伴是否盡興？如果你和大多數的觀眾一樣，那麼你八成也會覺得自己被騙了，因為這個歌星根本沒有和觀眾交流，也沒有建立起互動的和諧關係，而且看起來一點熱情也沒有。雖然這個歌星的確唱完了十五首歌曲，但是你還是有受騙的感覺。如果你知道這個歌星前一天晚上很晚才睡覺，今天因為宿醉而精神不濟的話，會不會改變你對這場演出的看法？如果你知道這個歌星在上臺演唱之前，才剛和他的經紀人因為某個廣告合約而爭執不休的話，你對這場演唱會的態度會不會有所改善？其實，如果你像大多數的觀眾一樣，那麼這些原因都不會改變你覺得被騙的感覺。如果這個歌星在演唱的時候對觀眾表現出多一些的熱情，那麼你的感覺會大幅改觀，說不定你甚至會覺得興奮不已。

當你對自己的工作、公司或是部屬表現出興趣缺缺的模樣，你覺得員工會在乎你對工作如此冷漠的原因嗎？他們對你的感覺和你對那個歌星的感覺又有什麼不同？就像那個缺乏熱情的歌星讓你覺得受騙一樣，缺乏熱情的經理人難道就不會讓員工覺得受騙嗎？

大多數的經理人都喜歡對工作熱情投入的員工。和對工作沒有什麼熱情的員工比起來，這種熱情投入的員工似乎工作得更加努力，會在工作崗位上堅持得更久，而且工作的品質也更好。如果你希望員工展現出他們的熱情，那麼你也得呈現出這樣的特質才行。熱情就好像感冒一樣是會傳染的（不論是好還是壞）。當你對你公司、同事、自己本身展現出熱情時，你的員工也會受到感染，並且呈現出同樣的態度。如果你呈現出槁木死灰的樣子，那這樣的態度也會影響到你的員工，他們最後也會對自己、對同事、對自己的工作及公司表現出興趣索然的態度。這選擇完全掌握在你手上，你要選擇哪一種？

◆誠　懇

這是最後一項形象的要素。誠懇不是你可以裝出來的，而且本來也不應該這麼做。你應該真心誠意的改善你的第一印象、知識的廣度和深度、你的彈性以及熱情。不管你要調整哪一方面的行為，起初必然會覺得很不自在，但是在你真心誠意的努力過一段時間之後，自然而然的會成為你生活中的一部分。不管你有沒有誠意，都會看在別人的眼裡，而這樣的印象也就和你的形象結合在一起。如果別人覺得你很虛假，那麼這樣的印象會對雙方的關係造成侵蝕，而其衝擊會比缺乏上述任何一種形象要素都還要嚴重。因此最重要的是，在你和別人互動的時候真心誠意的對待對方，並且將這樣的誠意展現給對方知道。

形象與互動式管理

周遭的人對你的態度和回應，可以說是你人際關係的成功指標。你呈現出來的形象可能會讓你的人際關係達到成功的圓滿境界，但是也可能會讓你的人際關係一敗塗地。和別人溝通的過程從開始到結束，你都是站在舞臺上。你說的每一個字、你的姿態、表達的方式以及你給別人的印象，都會看在對方眼裡，並且被細細的評量。因此，在你和別人互動的過程中，務必要確定你所投射出來的形象，能夠為公開、坦誠、信賴的溝通提供加分的效果，就算要經歷痛苦的歷程，終究也是值得的。

第九章 音調的溝通奧秘

你覺得一個說話大聲、急促的人是處於什麼樣的情緒狀態？你可能會說他的情緒激動、狂熱、憤怒、甚至於沮喪。不過，光是知道某人此時此刻急促、大聲的表現，其實看不出什麼端倪來。此人可能來自東北部，那個地區的人本來講話就是這個模樣。這個人也有可能出身於大家庭，向來得急促的扯著嗓門說話，要不然就沒有人會注意到他。這麼說來，急促、大嗓門到底代表了什麼？其實什麼意義也沒有！不過，如果這個人平常說話向來輕聲細語，但是在談話中突然提高了音量，速度也開始加快，這可能就有絃外之音。一般來說這是正面的跡象，不過也有可能是負面的意思。人們光是透過音調就能透露出許多不同的情緒，我們將於本章對此一一深入探討。

音調又稱「發聲行為」(Vocal Behavior) 是一種「非言語的溝通方式」(Nonverbal Communications)，這種溝通方式不但是管理所不能忽視的，同時也是人際關係處理上不可遺漏的重點。「非言語的溝通方式」在語氣的例子當中意味著聲音，和言語所傳達的訊息有所區隔。這兩種訊息之間的確有其差異存在，例如，光是看一篇講稿，如果沒有聽到演講的話，那麼自然無法領略演講人透過音調所傳達出的訊息。言語和語氣這兩者未必會傳達出同樣的意思或感覺。

你可以從別人說話的音調來判斷是否有絃外之音，同樣的，你只要改變一下音調，你所說的話也會呈現出不同的意思。光是音質 (Voice

Quality) 的變化就能夠讓同一段話的意思或話中的情緒出現截然不同的風貌。有位教導戲劇的老師能夠以八種不同的音調來說「喔」這個字，光是透過音質的變化，他就能夠表達出八種截然不同的情緒和感情。單單「喔」這個簡單的字就足以說明音調在溝通方面的重要性，如果缺乏這方面的敏銳度，未能察覺對方語氣中所蘊含的情緒，那麼你和員工之間的信賴基礎可能會因此受到侵蝕。若是未能切中要點，反而在虛浮的議題上浪費時間，則可能會使得你和員工之間的關係更加緊繃。當你在注意員工說話的語氣時，特別應該注意對方音質的變化，這是各位最應該謹記在心的重點。

◆**音　質**

有些人天生講話就是慢條斯理，有些人則是天生的大聲公，也有的人本來說話就口齒清晰。當人們原本的音質出現變化時，往往是有絃外之音想要表達。這時候就要看你能否掌握音質、察覺音質的變化，並回應這些變化。以下有七種主要的音質介紹：

1. **共鳴 (Resonance)**：聲音鏗鏘有力、空谷回音。
2. **韻律 (Rhythm)**：聲音的起伏、速率及變化。
3. **速度 (Speed)**：說話的速度。
4. **音調 (Pitch)**：聲帶的鬆緊程度（例如，緊張的笑聲）與聲音的高低。
5. **音量 (Volume)**：大聲的程度，或聲音的強度。
6. **音調變化 (Inflection)**：音調或音量的變化。
7. **清晰度 (Clarity)**：發音清脆和話語清晰。

各位應該要知道的是，人們說話的方式會對他們所傳達出來的意思造成很大的影響。冷嘲熱諷就是一個明顯的例子，用諷刺的口氣說出來的話都是話中有話，和實際上的意思有很大的出入。這也是為什麼經理人必須了解不同音調代表什麼意思，以及必須知道如何辨認和如何有效運用來傳達訊息會如此重要的原因。CRM/McGraw-Hill Films 公司有部名為「溝通——不可言喻的議題」(Communication: The Nonverbal Agenda) 的影片便是個很好的例子，它清楚的說明了音調的變化會如何徹底改變訊息的意思。在這部影片中的經理人必須將同一個訊息逐字傳達給三位不同的員工。他對這三位員工各有不同的觀感：他對第一位是又愛又恨，他不喜歡第二位，而第三位則是他的朋友。這三種不同的情況清楚地顯示出來，雖然這位經理人所傳達的話語是一模一樣，但是他對這三位員工的好惡、感覺及偏見在他說話的語氣、行為上反映得一清二楚。儘管這位經理人對於自己的行為渾然不覺，但是這三位員工對他下意識從音調透露出來的訊息卻都瞭然於心。

透過對「發聲行為」跟對音調的了解，各位能夠更充分地掌握員工的真實感受。此外，你對別人如何從你說話的音調來看你也會有更深刻的了解。

◆音調的情緒投射

以上介紹了七種不同的音質，人們在談話中對任何一項音質（或所有音質）的變化，都會大幅扭轉訊息所傳達出來的情緒或感受。如果能夠了解、認知到這七種音質變化的各種組合分別代表了什麼情緒跟感覺，那麼你對員工透過音調所傳遞出的「沉默訊息」自然也能夠適當的加以回應。光是透過音質的變化就能夠投射出各種不同的感覺和情緒，在此列舉十二種不同的情緒如下：

1. **好感：** 音調拉高，音量放低，說話的速度放慢，而且富有磁性。
2. **憤怒：** 說話很大聲，所講的話簡潔有力，音調有高有低。

3.**無聊**：說話的音量偏低，聲音懶洋洋的，速度有些慢，音調往下沉，口齒不清。

4.**有精神**：說話的音量有些高，說話的速度很快，音調有高有低。

5.**沒有耐心**：說話的音調偏高，說話的速度很快。

6.**歡樂**：說話的聲音很大，速度很快，音調往上拉。

7.**驚訝**：音調往上拉。

8.**防衛**：說話的內容簡潔有力。

9.**熱情**：說話的音量很高，語氣強而有力。

10.**哀傷**：說話的音量很低沉，速度很慢，音調往下沉，而且口齒不清。

11.**懷疑**：音調很高，尾音拉長。

12.**滿意**：音調上揚，說話不清楚。

當各位在注意別人說話的音質時，務必要謹記兩個非常重要的原則：第一，找出對方個人及習慣使用的音質；第二，注意對方音質特色的轉變。每個人的音質特色都不盡相同，我們在判斷對方的行為風格時，應該同時注意到對方的音質特色。如果說話者屬於親切型及分析型風格的話，通常會比表達型及主導型的人說得更為慢條斯理。各位在和別人對話的時候，可以判斷對方具備哪些音質，並且掌握這些音質的變化。當音質出現變化的時候，對方說話的內容很可能有些絃外之音。對方可能是要強調某些重點或他所擔心的事情，或只是單純地表達他自己感受的變化。如果你對這些音質的變化很敏感，並且能夠適時掌握的話，便能夠在必要的時候採取適當的行動因應。這樣的技巧能夠讓你的人際溝通能力更上一層樓，並且能夠協助你和員工建立穩固、良好、長期的工作關係。

一般說來，說話音量拉高且速度加快表示態度出現正面的變化。不過如果說話的節奏支離破碎，那麼可能透露出憤怒的情緒。說話的音量拉低且速度放慢，加上說話的清晰度降低，通常表示態度出現負面的轉折。不過這也可能表示員工透露出感情或滿意度的情緒。說話節拍的變化通常表示心情出現了轉變，這可能是正面的轉變，但也可能是負面的變化。最重要的是要記住，當這些音質出現變化的時候，要能夠適時的掌握，接著利用你的判斷技巧，了解員工說話音質的變化到底代表什麼意思。你的責任在於利用傾聽、探索及回應的技巧，掌握這些變化的根源。當你一旦判斷出這些變化的本質，便可以採取行動。如果這代表正面的變化，那固然很好；如果是負面的變化，你也有機會趕緊扭轉乾坤，免得為時已晚。當各位在利用回應技巧來做確認的工作時，應該針對你接收到的訊息和員工討論，而不是你聽到的特定音質。各位要記住，你要展現的是你的敏感度，而不是你分析的技巧。

◆音調的利用

大概沒有幾個人喜歡被別人吼來吼去或是被別人用語氣貶低吧。嚴厲、憤怒及施恩的態度都非常容易透過音調表達出來。各位在和員工溝通的時候，應該保持愉快、友善、直接的語氣，不要試圖壓在員工頭上或試圖指使對方。你的語氣往往會比實際傳達出來的話語造成更大的影響力。當你和動物相處的時候，這個道理便彰顯得非常清楚。如果你用友善的聲音說出輕蔑的話，動物可以接受；但是如果你用憤怒的語氣說出友善的話，動物則會出現負面的反應。令人驚訝的是，其實人類的反應也沒有多大的差別。

當你和別人溝通的時候，你說話的音調會透露出你的個性，尤其在講電話的時候。各位可以試試看這個練習，把你自己的電話交談錄下來。講完電話之後，播放錄下來的錄音帶。你覺得自己的溝通方式聽起來如何？說話的音量和速度是否適合？節奏、音調及清晰度如何？你是否覺得確實表達出自己想和對方溝通的情緒？分析過幾通電話錄音並提出有建設性的評論之後，你可以判斷出自己說話的音質是否有需要改善的地方。當你一旦找出需要改善之處，就可以開始思考如何加以改善，好展現出你想要表達出來的音質類型。

語言固然可以溝通幾乎所有的事物，但是透過音質的利用，你卻能夠表達出你的感受及好惡。透過不同的音調，你可以強調所傳達出來的訊息。這對各位經理人非常有用，因為你們可以藉著音調透露出你的能力與信賴。以下介紹五點建議，協助各位透過音調傳達出對員工能力的信賴：

1. 說話的聲音飽滿、強而有力，但是不會令人感到壓迫感。

2. 充分運用你的嘴巴和雙唇，說話口齒要清晰，而且明確。

3. 透過適當的音調、音量及音調變化表達熱情。

4. 說話的聲音不要一成不變，音質要加以調整，對方聽起來才不會索然無味。

5. 自然、自在的說話，不要做作或虛假。

說話的時候，音調千萬不能一成不變，這樣很可能會令員工覺得很無趣。換句話說，不要每次都用同一種語調，這樣對方聽起來會覺得很像機器。機械化的聲音會讓員工覺得非常乏味，而且會讓他們覺得你所說的話都是陳腔濫調。沒有意義及機械化的聲音聽起來很呆板，你可以在必要的時候適時調整說話的音質，這樣便能夠避免陷入這種呆板的說話模式。

當你和員工溝通某個主題時，如果情況允許，你可以說得很快；如果你要強調某個重點，則把速度放慢。透過觀察員工臉部表情和其他非言語溝通的訊息，你可以判斷員工投入的程度。當你說到員工顯然很有興趣的地方時，不妨加以強調，並且稍作停頓，好讓對方有時間消化。誠如各位所見，時機的掌握對你和員工都有好處。

耶魯大學所進行的一項研究顯示，當人們在說話的時候，所犯的錯誤越多（這裡所說的錯誤是指說話的音調、音量不對，或說話的方式一成不變等等），那麼說話者不舒服和焦慮的感覺會跟著攀升。透過練習及認知，各位可以降低這樣的錯誤。這麼做能夠讓你對自己說話的聲音感到更有自信，員工也會覺得和你溝通很舒服，雙方信任的關係也會更加緊密。

你和員工溝通的時候，如果對於自己的發音馬虎草率，很可能會令對方覺得你可能在別的地方也是差不多。不良的發音可能會導致員工誤解你表達的訊息，結果很容易使得溝通破裂。清晰的發音能夠加強雙方的信賴關係，並且使得溝通更加順暢。

以上針對聲音所提出的一些建議，如果妥當運用，能夠為各位的溝通帶來加分的效果。但是如果用得過度或過份強調這些方法，卻可能會使得員工厭煩，結果反而令他們分心。你必須用自然的態度，隨興運用這些聲音的技巧，否則的話，這反而會讓你顯得不夠誠懇。透過適當的音調，你可以讓員工集中注意力在最重要的訊息上，這對員工也有好處。

互動式經理人了解，和員工溝通的時候，「發聲行為」的運用有多麼的重要。發聲行為傳達出的情緒、感受及目的都必須加以掌握，就算細微的變化也不能放過。這樣做能夠讓各位了解你對員工傳達出什麼訊息（非語言的），以及員工向你傳達出什麼樣的訊息（非語言的）。音調運用的好壞攸關經理和員工之間的信賴關係。運用得不得當，雙方關係可能會因此破裂。但是如果運用得當，卻能夠營造出和諧的互信關係。甚至會影響到員工的生產力。如果你能夠更加小心控制自己說話的音調，那麼你和員工之間的信賴關係能夠更加穩固、更具生產力，而且你的可靠度也會更加提升。這樣的過程雖然辛苦，但是收穫卻絕對值得我們的努力。

第十章 有效利用肢體語言

讓我們假設這個狀況：你最近發現某個員工有紀律上的問題，因此把他叫到辦公室，打算追根究底一番。這個員工並不知道你打算討論這個問題，他走進辦公室之後，你很熱誠的招呼他坐下，並且說些客套話。這時候他的頭稍微前傾，兩眼看著你，雙手沒有抱在胸前，雙腳也沒有交叉，西裝外套的扣子沒有扣上，一付很輕鬆的模樣。當你開始導入正題，談到敏感的話題時，他的身體就變得比較僵硬。雙手緊抱在胸前，雙腳交叉，嘴唇緊閉，雙拳緊握。這時候他和你幾乎沒有眼神的接觸。即使他開始為自己辯解的時候，眼睛還是不看著你，甚至於避開你注視的眼光。在談話的過程中，他的眼神一直飄忽不定，且不時揉鼻子，有時候還用手遮住嘴巴。你在傾聽的時候，不時揚起眉毛，並且斜眼看著他。當他說完之後，你告訴他會以客觀的角度及開放的心胸來深入調查這件事情。

當這個員工離開辦公室時，你靠著椅背往後傾，雙手抱住腦後，腳蹺到辦公桌上。這段談話讓你覺得很詭異，除了言語表達出來的訊息之外好像還有些什麼事情，但是你卻又不知道到底是什麼。這個員工說話的樣子讓你對他感到深深的懷疑，但是你不想讓他知道你起了疑心。這也是為什麼你說會以客觀的角度以及開放的心胸來調查這件事情。其實你沒有發現到，你自己和員工彼此都是以肢體語言進行溝通，而不是透過言語。你身體的動作、姿態和臉部的表情，在在透露出你的態度及情緒狀態。如果你能揭開肢體語言的奧秘，那麼你和員工的對話就會完全改觀，甚至可能當場就把問題全部解決。

肢體語言並不是現在才有的現象。自從有史以來，人們就已經知道肢體語言的重要性，並且加以運用。人類還沒有開發出語言這種溝通工具之前，便是利用肢體語言傳達自己的需要與所渴望的事物。肢體語言也稱作舉止神態學 (Kinesics)，這是指除了文字及話語之外的人類互動。從眉毛揚起這種最細微的動作，到聽障人士所使用的複雜手語都包括在這個廣泛的定義之內。

有些非言語的動作具有舉世皆然的象徵意義。桌子的大位向來是留給團體中的領袖人物，近代以來這個代表尊榮的位置也可以延伸給桌子的主人。亞瑟王的時代，為了消除只有一個領袖的代表象徵，從而提倡民主的風氣，因此開發出圓桌。另外一個放諸四海皆準的象徵，則是把雙手高舉過頭，這向來是表示投降和屈服的意思。

有些肢體動作甚至比話語還能夠透露出更多的意思。想像一下這個畫面：有個人用手拍了下額頭，還發出一聲慘叫。光是想到這個畫面，你就知道這個人剛剛想起自己做了件不該做的事情。這個動作所透露出來的訊息，是針對自己的疏失向旁觀者道歉。

另外像是敬禮、微舉帽沿致敬、握手、聳肩、揮手道別、OK 的手勢或飛吻都是眾所皆知的動作。

肢體語言這種非言語的溝通型態進行得非常快速。研究結果證實，即使只有二十四分之一秒的接觸（電影膠捲 (Film Frame) 一格的放映時間），人們通常都能夠掌握其意義。二十四分之三秒的時間，人們就可以迅速理解；而一秒多鐘的時間，人們的理解程度就會提升。

了解肢體語言的能力顯然和智商無關，這和考試的能力或是在學校能夠拿到多少分數也沒有關聯。透過練習，理解肢體語言的能力通常能夠獲得提升。就以衡量肢體語言理解能力的測驗來說，第二次以及之後的成績通常會高於第一次的測試。

非言語溝通型態的研究人員表示，兩個人在面對面溝通的過程中高達百分之九十的訊息是透過非言語的管道來傳遞的。這表示我們透過言語獲得的訊息只有百分之十。如果這個數字屬實（研究結果的確證實這樣的說法），那麼非言語溝通型態的重要性便不言而喻。

現在有各式各樣的課程及研討會都是針對說話的藝術而開的，但是非言語溝通型態以及肢體語言的研究則少得可憐。大眾對這方面的認知非常有限，我們需要更多的相關研究，以便對這個議題有更深入的認識。

佛洛依德 (Sigmund Freud) 很早就發現了肢體語言的重要性，他並不相信人們所說的話，他認為人們所說的話並未顯露出訊息的全貌，而他大部分的研究就是以這個理念作為基礎。和其他許多研究人員一樣，佛洛依德深信，我們不能仰賴話語的真實性，非言語的行為則往往能夠投射出真實的全貌。

透過肢體語言，人們會透露出心中的想法以及潛意識的情緒、態度、渴望的事物等等。肢體語言（人們潛意識當中表達內心感受的需求所激發的）要比言語的溝通更可靠，而且甚至於會出現和言語表達南轅北轍的訊息。肢體語言是你感受的出口，觀察力細膩的傾聽者能夠透過你的肢體語言，解讀你所說的話，並且判斷你所說的話實不實在。觀察入微的人可以透過你的肢體語言，看出你是否誠懇以及是否真的投入。

在管理這個領域，溝通彼此的想法具有極高的重要性。對於各位經理人來說，研究肢體語言能夠為你們帶來數不盡的好處。透過肢體語言的研究，你們可以了解員工的情緒和態度。最後你對所有員工的溝通交流都能夠瞭若指掌，而且更能夠感同身受。你和員工之間的和諧關係能夠因此而獲得提升，員工會更加信賴你，而其生產力也會與日俱增。

除了提升你對員工的了解之外，肢體語言的研究也能夠讓員工更加了解你。你可以透過肢體語言，讓員工接收到你想要傳達的訊息。你傳遞訊息的技巧越好，讓員工接收到你希望他們接收到的訊息，那麼你的工作表現就越有效率。因此，各位務必要精確的掌握自己和員工所傳達出來的肢體語言。如果投射出負面的肢體語言，或對於員工傳達出來的非言語訊息視而不見，都可能會使得雙方的關係陷入緊繃，並且使得互信互賴的程度大為折損。這種不好的感覺會令目前以及未來你和員工的關係出現災難性的後果。

肢體語言的解讀

肢體語言包括了各式各樣姿態的解讀。這種非言語的溝通型態主要領域包括了眼睛、臉部、手、手臂、腿以及姿態（坐姿和走路的姿勢）。你可以從這些領域的肢體語言解讀出對方的許多訊息，對方同樣的也可以透過這些領域來了解你。然而，每個單一、獨立的姿態都可能只是代表句子中的一個字而已，如果緊憑著一個字來推敲整句話的意思不但非常困難，而且非常危險。除非這個句子只有一個字，否則你需要更多的字彙，才能夠拼湊出整句話的涵義。因此，你在觀察肢體語言的時候，也得把周遭的事物納入考量。每個字都有其意義，同樣的，每個個別的姿態也有其涵義。當許多字湊在一塊便組成了完整的句子，能夠傳達出比較完整的意義。當個別的姿態整合在一起的時候，也能夠傳遞出比較完整的訊息，透露出對方的感受及想法。現在先讓我們探討個別獨立的姿態最常見的解讀，接著再探討這些姿態組合起來之後，會傳達出什麼樣的態度及意義。

◆眼　睛

眼睛素有「靈魂之窗」的別稱，能夠洩露許多的感受。「眼神飄忽不定」(Shifty Eyes)、「彈珠眼」(Beady Eyes；表示眼珠子骨碌碌地轉，描寫貪婪的目光）以及「堅定的神情」(Look of Steel) 都是人們對這個身體器官所做的描述。長久以來人們都認為，誠實的人在說話的時候，眼睛通常會直視著對方。最近的研究發現這個說法的確有些科學的依據。研究人員發現，被評為「誠懇」的說話者眼睛直視對方的時間是被評為「不誠懇」者的三倍。

當人們被問到會令他們不舒服的問題時，他們往往會閃避眼神的接觸。你們應該了解這個現象，並且避免導入會讓對方窘困的問題。各位應該盡量減低壓力，並且培養信賴；而不是讓壓力節節升高。

眼睛的神態通常很容易解讀。一邊眉毛上揚代表不信任，兩道眉毛皆上揚則是表示驚訝。眨眼可以代表調情或是某種型態的認同（當配合點頭以及微笑的時候更是如此）。當你和員工談話時，如果員工眼睛往上看，眼神堅定，而且不斷的眨眼，這很可能表示他正在認真的思考你所說的話。事實上，他很可能已經對這個重要議題做出正面的決定，他可能只是在心裡思考細節的部分而已。這時候你應該要有點耐心。在員工的思考結束之後，再繼續進一步的討論。

有個很有趣的研究發現，人們往右邊看或往左邊看會透露出他們主要的心靈活動。大多數的人都可以歸納為往右邊看或往左邊看這兩項。一般來說，往左邊看的人往往比較情緒化、主觀容易接受暗示，至於向右邊看的人則比較傾向邏輯的判斷以及務求精確。

◆臉　部

臉部表情可以說是透露態度、情緒及感受最可靠的一個指標。人們臉上的表情往往在不知不覺中，透露出他們的情緒和當時的心理狀態。透過臉部表情的分析，我們可以判斷出人際溝通的態度以及獲得回應。「她臉上的表情就像一本書一樣，可以讓你讀得一清二楚」這個說法正清楚的說明了人們臉上的表情可以透露出多少的訊息。有的時候，人們不希望這種非言語的溝通途徑在情況還不成熟的時候就洩露出他們的想法，因此會非常小心臉上的表情。「撲克臉」這個說法正是說明人們為了隱藏內心真正的情緒而擺出來的臉孔。

◆手

雙手緊握通常代表這個人正遭受難以忍受的壓力，這個人非常的緊張，而且強烈反對你的意見，讓你很難和他相處。雙手手指交叉的姿態會透露出自信的意味。當你站著，雙手在身後握著，這樣的動作通常代表優越及權威。

我們可以從手在臉部或頭部的一些動作來判斷對方的態度及情緒。譬如，用食指輕輕搓揉耳朵旁邊或是後面，通常代表懷疑。如果用一隻手指隨意的揉眼睛，表示這個人不知道你在說些什麼。當然，這也可能表示這個人的眼睛很癢。摸後腦杓以及用手拍脖子背部，通常表示對某人或某個狀況感到氣餒。身體往後仰，雙手放在腦後，表示自信或優越的感覺。說話的時候用手遮住嘴巴，通常表示想要隱藏什麼事情。雙手托腮、嘴巴微開、眼睛往下看的打著瞌睡，這表示這個人感到非常無聊。如果把手放在下巴上，並且不時的摸著下巴，這通常表示在思考、考慮或是對什麼事情感到興趣。另一方面，閉上眼睛、，用手捏鼻樑，或用手掌托住下巴，通常表示正在鄭重進行評估。

◆手臂和腿

雙臂交叉通常表示防衛的意思，彷彿要保護自己免於受到侵害。相反的，雙臂敞開則表示接受及開放。雙腿交叉表示不認同，雙腿緊緊交叉的人彷彿是在說他們對你所說的話或所做的事情並不認同。如果雙臂以及雙腿都緊緊的交叉著，那麼通常表示他們的內心世界對周遭發生的事情抱持著非常負面的態度。如果他們一直保持這樣的姿勢，那麼不管你說什麼或做些什麼都不太可能獲得他們的認同。

◆坐姿及走路的姿態

坐在椅子上的時候，一隻腳蹺到椅子的把手上，通常表示不合作。如果把椅子反過來，雙臂放在椅背上跨坐，那透露出主導及優越的態度。如果蹺著二郎腿，腿還晃來晃去，通常表示無聊或沒耐心。坐在椅子的邊緣，身體稍微前傾，通常透露出有興趣及投入的感覺。

一般來說，走路的步調快速，兩手自然擺動的人通常對自己想要做的事情都能夠有效的掌握，並且會積極的追求。走路駝著背，雙手插在口袋裡頭，這種人對周遭發生的事情似乎沒有一件是滿意的，通常都很喜歡批評，而且態度總是很神秘。沮喪的人常會把手插在口袋裡，低著頭，駝著背。滿腦袋都是事情的人會把手放在背後，頭低著，緩慢的踱著步。

姿態集合的判斷

某些姿態組合起來能夠相當有效的透露出個人的感受，這種組合就叫做「姿態集合」(Gesture Clusters)。每個肢體語言的姿態彼此都有關聯，因此我們對於肢體語言的分析，應該以一連串的跡象作為基礎，才能夠準確的了解肢體語言所傳達出來的訊息。如果姿態集合當中個別的姿態能夠彼此吻合，那麼我們可以透過對於姿態集合的解讀，對於這個人的心理狀態獲得更有意義的分析結果。換句話說，每個個別的姿態都必須傳達出一致的訊息。如果不是這樣的話，那麼你可能會面臨彼此矛盾的訊息。緊張的笑容就是一個很好的例子。笑容應該投射出輕鬆以及愉快的心情，但是如果手臂和腿的動作在在透露出緊張的訊息，而且整個身體的動作看起來也像是要逃避某些事情一樣，那麼你就可以知道這樣的笑容並不是代表愉快或輕鬆。這種笑容可能是為了掩飾某些不舒服的感覺，而且很可能是恐懼感，因此在解讀肢體語言的時候，我們務必要把焦點放在姿態集合上，並且務求姿態的一致。各位必須記住，肢體語言可能會突顯、強調人們所說的話語，但是也可能會傳達出和話語彼此矛盾或完全不相關的訊息。因此，解讀肢體語言是一個持續性的分析過程。讓我們看看一些常見的姿態集合，以及這些姿態集合所代表的意義。

◆開　放

有些姿勢能夠傳遞出開放和誠懇的訊息，譬如雙臂張開，把大衣或是衣領的扣子解開，脫掉外套或夾克，或椅子稍微前傾，雙臂、雙腳呈現輕鬆的姿態（沒有緊緊的交叉）。當人們對於他們自己所做的事情感到驕傲的時候，他們通常會把雙手敞得很開。當他們對於覺得自己的所作所為不怎麼光彩的時候，通常會把手插在口袋，或擺在身後。下回可以仔細觀察小孩子的姿態，看他們試圖要掩飾某些事情的時候，手會擺在哪裡。當人們把大衣脫下，把領子的扣子解開，或是向你伸出雙臂，通常都是因為他們開始覺得和你在一起很自在。這些都是非常正面的跡象。

◆防　衛

當人們抱持著防衛的心態時，他們的身體僵硬，手臂緊抱在胸前，雙腳交叉，眼睛斜視，幾乎沒有眼神的交會，雙唇緊閉，雙拳緊握，頭則低垂。哪種人會雙臂緊抱在胸前？各位頭一個想到的應該是棒球比賽的裁判，對不對？想像一下，球隊經理衝出球員休息室，雙臂揮動著，或是插在褲子後面的口袋裡。當這個經理逼近的時候，裁判雙臂交叉在胸前。他已經透過非言語的溝通方式傳達出他不會更改判決。此外，裁判可能會轉過身去，透過非言語的動作表示「你已經說夠了」的訊息。雙臂緊抱及雙拳緊握都是比較極端的型態，特別是緊握的雙拳，這通常表示對方真的極度不悅。

如果對方一隻腳蹺到椅子的把手上，這看起來好像顯示他輕鬆、開放的態度，但其實不然。研究顯示，這樣的姿態通常表示這個人的心思已經飄離你們的對話。除非你能夠把他／她的姿態調整過來，否則別指望對方會對你們的談話有什麼貢獻。把椅背反過來跨坐看起來好像表示不正式及開放的意思，但其實這是表示主導的意思。當人們這麼做的時候，表示他的防衛心態已經攀升，而且在職場裡，老闆在和員工談話的時候常常會這麼坐。這是表示防衛的心態，當對方這麼坐的時候，你們的溝通不會有什麼進展。

◆評　估

這裡所說的評估的姿態，也就是說對方在考慮你所說的事情有時候是以友善的態度，有時候則充滿敵意。通常評估的姿態包括了頭歪一邊，手放在臉頰上，身體往前傾，及觸摸下巴。各位有沒有看過羅丹的「沉思者」(The Thinker) 雕像？這個雕像充分說明了人們在深思時的姿態。除了用手托住臉頰的姿態之外，頭歪一邊或身體稍微前傾，通常也是表示正在思考你所說的話。觸摸下巴這個動作往往表示認真思考對方的話，而且有人甚至說這樣的姿態表示智者正在進行判斷。

有些評估的姿態則會呈現出負面的訊息。在這類姿態當中，身體通常比較畏縮，手雖然是擺在臉龐，但是用手掌托住下巴，一根手指放在臉頰上，其餘的手指則放在嘴巴下方。這通常是一種負面的姿態。拿下眼鏡，把一邊的鏡架放在嘴裡，通常表示這個人在拖延時間，藉以獲得更多的時間對情勢進行評估。抽雪茄的人有時候會故意用點菸來拖延時間，不過，拖延時間的典型姿態是點菸斗。人們必須經過填菸草、清理、輕拍以及點燃的過程才能夠抽到菸。這也是為什麼抽菸斗的人往往給人比抽香菸的人有耐心的印象。如果和你溝通的對方出現這種拖延的姿態，那麼最好給他們一些時間，讓他們有充裕的時間把事情給想清楚。

如果對方用手指捏捏鼻樑，閉上眼睛，並把頭低下來，這種姿態通常表達出自我衝突的訊息。對方可能正在努力判斷自己是否處於劣勢。這時候不要和他講理，給對方一些時間。最後我們要介紹的負面評估姿態是：把眼鏡拉到接近鼻樑底部的地方，然後透過鏡片盯著對方看。這會使得對方覺得遭到貶抑以及被上上下下的打量。不過這種姿態有時候是無心的，有可能只是因為眼鏡度數不合的關係。

◆懷疑、隱藏、拒絕與不信任

這些負面的情緒通常會以這些姿態表達出來：眼睛斜視、幾乎沒有眼神的交集，離說話者遠遠的，並且觸摸或是揉鼻子。當對方眼睛不看著你的時候，這有時表示她對你所說的話不感認同，或是想要隱藏什麼事情。如果眼睛斜視，有時候這是透露出懷疑的態度。有時候這也叫做「冷淡以對」(Cold Shoulder)。你有沒有試著協助某人過馬路，但是對方卻不領情的經驗？那你應該很快就會領略這句話的意思。對方雖然讓你帶著過馬路，但是身體卻和你偏離四十五度角。這種姿態是表示「拒絕」你的協助。當你和某個人在談話的時候，把身體轉開，雙腳面對門的方向，這通常表示你很想結束這段對話或會議（不管是什麼，你很想趕緊脫身就對了）。觸摸或是輕輕的揉著鼻子，可能表示困惑、懷疑以及隱藏。

◆準備好的狀態

這是指以目標為導向的人準備好要完成某個工作的狀態。當你把手放在雙臀上，或坐在椅子的邊緣，通常都會透露出你已經準備好要為達成目標而努力。這種姿態中最常見的是把手放在臀部，準備上場的運動員常常會採取這樣的姿勢。在商業性質的會議中，如果有人做出這樣的動作，這通常表示這個人希望別人跟進。小孩子如果擺出這樣的姿勢，通常是要挑戰家長的權威。

如果你即將簽下你很滿意的合約，那麼你會坐在椅子的邊緣上。如果你並不滿意合約內容，那麼你會縮在椅子裡。業務人員都知道，當對方坐在椅子的邊緣時，通常表示對方已經準備好要做出採購的決定。這是正面的姿態，各位無須感到恐懼。擺出這種姿態的人只是透過非言語的型態透露出她已經做好採取行動的準備而已。然而，如果你向別人展現出這樣的姿態，那可得小心了，你可能會給人太過焦慮的印象。

◆安 心

當人們掐手掌上的肉，摳指甲，輕輕觸摸或搓揉某些個人的物品（譬如手錶、戒指或項鍊），或是嚼著鉛筆、迴紋針之類的東西，通常都是為了安心的目的。我們可以從參加電視節目錄影的現場觀眾看得很清楚，由於各式各樣的原因，許多人都很害怕上電視。他們很怕電視鏡頭會讓他們看起來太老、太胖，或是會讓他們某些奇怪的癖好顯露無遺。在錄影過程當中以及接著播放錄影帶，我們都可以看到人們會藉著千奇百怪的姿態來讓自己安心。

◆沮 喪

下次你觀賞足球比賽的時候花些心思注意一下，當四分衛傳球給隊友，隊友雖然接到，但是一下子又丟了球，這時候這個隊員可能會跺腳、敲頭盔，甚至對著空氣揮舞拳腳，這些都是屬於極端的沮喪姿態。比較常見的沮喪姿態是雙手緊握，揉著頸背，或是雙手在空中揮舞。如果你和員工溝通的過程中，員工出現這些姿態，不管你正在進行什麼，都應該立刻縮手，讓對方有更多喘息的空間。如果你不這樣做的話，沮喪的程度會不斷攀升，直到最後爆發為止。

◆信心、優越感以及權威

這些情緒通常是透過輕鬆以及擴張式的姿態表達出來，譬如把腳蹺到桌上，身體往後傾，雙手放在腦後，下巴往上揚。

◆緊　張

清喉嚨是個典型的例子。演講者上臺發表演說之前，經常會有這樣的動作。不斷抽菸也是緊張的姿態。不過，當吸菸者變得極為緊張的時候，他會做的第一件事則是把香菸熄滅。說話的時候遮住嘴巴則是警方在進行偵訊時用來觀察嫌犯是否緊張的技巧。他們認為這樣的姿態表示自我懷疑或是根本就是在說謊。其他緊張的姿態還包括，雙唇或是臉部表情顫抖、坐立不安、雙腳的重心換來換去、輕敲手指、來回踱步，或撥弄口袋裡的硬幣以及吹口哨。

◆自　律

雙腳密合以及在身後緊握手腕通常表示自律的意思。你在牙醫那兒的等候室會不會這麼做呢？軍隊向來要求士兵立正站好的時候要雙腳密合，而這也是自律的要求。

◆無聊及沒有耐心

這些感受通常是透過這些姿態顯露出來的：手指敲打桌面、用手掌托住頭、腳在空中晃來晃去、塗鴉、撥弄棉屑、身體傾向出口的方向、看著錶或盯著出口。

◆熱　情

你會希望看到對方熱情洋溢的樣子，同樣的，對方也希望你能夠展現出這樣的情緒。熱情這個情緒通常是透過以下這些姿態所表達出來的：嘴角略為上揚、微笑、身體的姿態挺直、雙手張開、雙臂向外伸開、眼神充滿精神、走路的姿態充滿活力、說話的音調富有變化。你應該對別人展現出這樣的態度，最好能在員工當中培養及強調這種態度的重要性。

肢體語言的利用

當經理和員工互動的時候，如果能夠展現良好的肢體語言，並且能夠解讀對方的肢體語言，這種能力無疑是個相當特殊的資產。

員工的肢體語言對各位經理人而言是非常重要的，這種非言語的表達方式能夠讓你了解他們對你所說的話抱持什麼樣的態度，以及有著什麼樣的情緒。你可以輕輕的點頭，或大力的點頭來表示你很贊成對方所說的話。如果你的員工搖頭，或揚起眉毛，顯示出驚訝、懷疑的態度，那麼他對你所說的話顯然是不表贊同。不管對方表達出來什麼樣的態度，你一邊說話應該一邊注意對方的肢體語言，充分了解你所說的話對對方造成什麼樣的影響。

特別是互動式管理，各位務必要了解員工的肢體語言。根據他們的肢體語言來引導你的談話方向，而且每次和員工互動的時候，都應該以他們肢體語言所透露出來的情緒以及態度為基礎。不斷觀察員工的肢體語言，對方姿態只要有任何些微的變化都可能顯示出對方態度的改變，因此必須能夠充分的掌握，隨時調整你自己談話的方式。

員工的肢體語言如果出現轉變，有可能是表示他做好投入某個新計劃的準備。放鬆的動作可以說是最明顯的跡象，譬如雙腳打開，手掌以及手臂伸向你，身體傾向椅子前面，這些跡象都顯示員工正在傾聽你談話，並認真思考你所說的話。如果員工把雙腳交叉，雙臂緊抱在胸前，並且不斷的縮到椅子裡，那麼這表示你溝通的技巧恐怕不是很高明。對方並沒有聽進去你試圖傳達出來的訊息，如果你想要讓對方重新投入話題，那你就得做些改變才行。

如果員工開始點頭，並且模仿你的姿態（特別是身體往椅子的前面傾、雙腳的重心平衡），那麼對方顯然是很認同你所說的話。和員工溝通的時候，你得及早掌握對方肢體語言所傳遞出來的訊息，如果有必要的話，得對溝通的話題加以調整。否則光是你自己一直不斷的講，講到最後總會令員工感到無聊。透過仔細觀察員工的肢體語言，你可以了解到何時可以繼續同一個話題，何時應該換個話題、要求對方投入或徹底結束這段對話。

除了員工的肢體語言之外，你也應該掌握自己的肢體語言。你必須了解自己傳遞出什麼樣的訊息。即使你的員工並未受過這方面的訓練，他們還是會受到你肢體語言的影響。他們可能不會故意去解讀你的肢體語言傳遞出什麼訊息，但是他們還是會受到這些訊息的影響。更糟糕的是如果你的肢體語言和你所說的話彼此矛盾（這樣的情況的確常常發生），這可能會令員工對你的信任度打上很大的問號。這可能會使得他們和你溝通的時候，試圖尋找你的絃外之音。

如果你的員工透露出防衛、憤怒或沮喪等情緒，這很可能是因為你的肢體語言傳遞出攻擊、主導或操控的訊息。經理和員工之間大玩遊戲與信賴關係惡化都是這種現象產生的後果。你可以透過肢體語言來營造出危險的情緒環境或是善意的情緒環境。研究的結果顯示，坐姿開放、輕鬆的人比坐姿僵硬、封閉的人更具說服力，而且也更容易獲得別人的愛戴。坐姿開放、輕鬆的經理會比坐姿僵硬、封閉的經理對於員工具有更大的影響力。這點建議能夠讓各位維繫或提升員工的配合度。

看到這兒，各位經理人應該已經充分了解解讀肢體語言的重要性。研究結果印證，如果沒有任何表情的刺激（臉部沒有表情，態度疏離，顯得沒有興趣），對方表達自己看法的意願也會非常低落。點頭表示肯定便能夠表達出感受，如果能夠配合上熱情的微笑，那麼效果會更好，員工也會更加願意充分表達他們的感受。

誠如我們所介紹的，肢體語言是人際溝通的重要環節。對於各位互動式經理人而言，解讀肢體語言的知識及能力攸關管理的成敗。解讀肢體語言的能力能夠讓你掌握員工的需要與渴望的事物，並且能夠讓員工更願意向你傾吐心事。然而各位要記住，肢體語言這門學問畢竟還不夠精確。各位固然可以透過姿態集合的觀察來了解對方的情緒及態度，但是卻不能單憑這些資訊而已。你得測試並驗證自己對員工肢體語言的認知，而不是立刻做出決定（這會令你和員工之間的關係陷入危機）。肢體語言能夠提供假設所需的基礎，但是這些訊息應該經過測試及驗證，而不是作為結論。

如果真的什麼都行不通的話，你還是可以訴諸言語的表達。

第十一章
空間的安排大有文章

各位有沒有這樣的經驗：某個人緊緊貼著你站著，讓你禁不住問道，「午餐的鮪魚三明治好吃嗎?」如果你回到辦公室發現有個同事在你的檔案櫃裡亂翻，你會有什麼感受？如果休息過後回到會議室，卻赫然發現別人坐在你的位置上，你的感覺如何?大多數的人都會覺得很不舒服，而這種感覺正是因為個人空間遭到侵犯所造成的。以上這些問題的答案，能夠讓各位一窺如何利用人類空間統計學 (Proxemics)，也就是空間以及在這個空間裡人們的活動來和別人溝通。在人類空間統計學中，我們可以研究至少六個層面（領土、環境、事物、人類空間領域、二人關係的安排與群體的安排），以便利用空間來加強和別人的溝通。

領　土

你對以上問題的回答可能印證了人類學家的看法：人類是領土的動物，具有與生俱來保護與捍衛個人空間的衝動。你的辦公室可以說是一種固定的領土，具備牆壁及門這些無法移動的疆界。當你走進會議室的時候，便建立起一種半固定的領土特徵，而這種領土的疆界則是筆記型電腦、咖啡杯以及掛在椅背上的夾克這些可以移動的物品。就算你是第一個到會議室的人，而且把夾克、筆記型電腦、咖啡杯等等物品擺置妥當，但是這並不表示在法律上你就有占地為王的權利。儘管如此，當你休息完畢回到會議室，卻發現自己的寶座已被別人占據，那麼很可能會有悵然若失的感覺，接著便會出現憤怒並且想要搶回寶座的情緒。

人們喜歡保護及控制自己的領土。如果領土有固定的特徵，那你大可關上門，甚至把門鎖上，要控制或保衛自己的疆域也就比較容易。但是如果領土只有半固定的特徵，那麼你頂多只能親自坐鎮來捍衛領土。如果你走開一會兒，那你就只能指望別人稍微尊重你的領土一下。如果這剛好兵家必爭之地，當你回來的時候，很可能發現領土已經易主。

有時候就算是固定的領土也可能會遭到別人入侵或剝奪你的控制權，這種行為會比半固定疆域遭到侵犯更令人無法接受，並且可能引起更大的怒火。如果你的門關著，但是有個人連門也不敲就大搖大擺的開門進來，或是根本就不請自來，那雙方之間的緊張關係會大舉攀升，你對對方的信賴也會因此迅速瓦解。如果對方坐在你的椅子上，用你的筆，或使用你的記事本來查閱日後的會議日期，那麼也會造成同樣的後果。

當你試圖和員工建立信賴關係的時候，即使你身為老闆，也要尊重對方的「領土」，小心翼翼地處理。當牽涉到領土的問題時，雙方必須對彼此的空間有所尊重，這樣才能夠滋生出互信互賴的關係。人們很重視自己的隱私，而且也需要保護並控制自己個人的領域。研究結果甚至顯示，如果你對員工談話的時候侵犯到他們私人的空間，他們縱然不會當面表達不滿，但是內心卻可能充滿了憤怒，結果你說什麼一個字也聽不進去。

環　境

建築師向來都非常清楚環境對於人們溝通的重要性，舉凡是設計、顏色、傢俱、盆栽和圖畫等物品的擺設都可能會對員工之間互動的品質以及生產力造成助力或阻力。安東尼・艾索博士 (Dr. Anthony Athos) 對於職場的空間運用非常有研究，而其研究心得也獲得了大眾的肯定。注意環境所傳遞出來的蛛絲馬跡，能夠讓你了解別人試圖告訴你什麼訊息，或是他們對於這種重要的非言語溝通型態為什麼會有某些類型的回應。對於這些原則的了解和掌握，不但能夠讓你擴大溝通的廣度，同時也能夠看得更加透徹。

◆越多越好

在職場裡能夠獲得的空間越大，通常表示這個人的地位或重要性越高。譬如公司總裁的辦公室就比中階經理的辦公室要大得多，中階經理的辦公室又比部屬要來得大。空間是有限的資源，因此人們獲得的空間越多，那就表示他們的價值或重要性越高。

人們不但想要大間的辦公室，而且還要有好看的景觀。窗戶的設置固然有實用的價值，譬如通風或照明，但是人們通常認為有窗戶的辦公室是比較好的空間。如果你去看看企業組織裡辦公室的分配，那麼你會發現新進或低階員工的辦公室大多沒有窗戶或沒有好看的景觀。比較重要及權力比較大的高階人員則能夠爭取到空間比較大的辦公室，景觀也比較好看。如果你發現這種模式出現不協調的情形，那這到底傳達出什麼樣的訊息，的確值得各位深入了解。

◆隱私的空間優於公共的空間

職場裡，私人領域空間（不是公共的）同樣能夠傳達出地位的象徵意義。在大多數的組織裡，從公開、公共的空間（也就是具備半固定特徵的領域）進駐到個人的辦公室（具備固定特徵的領域）代表著地位和重要性的提升。各位可以想想看你們去過的企業或組織，打字員的位置通常就在整個辦公廳的中心，有時候甚至於沒有固定的位置，更別提擁有自己專用的打字機了。至於高階主管的秘書則有固定的領域，通常是用隔間的方式讓他們享有一些個人的空間。主管的秘書及打字員可能會有自己的辦公室，有門及其他固定領域的特徵。

如果我們具備私人的空間，那麼我們會如何和別人進行溝通？有些人受邀到我們的辦公室舉行秘密會議，那麼這些人可以說是具有獲取重要資訊（別人無法取得的資訊）的特權。有專屬辦公室的人地位高於在公共辦公廳的人。一般的企業的想法是，重要性不夠的員工自然用不著享受門或隱私這種私人的空間。諸如信賴及功能重要性之類的要素也會透過這種非言語的溝通管道傳遞出來。

侵犯隱私權往往被視為對領土的侵犯。如果未加注意，「侵入者」可能冒犯了別人還不知道為什麼雙方關係會陷入緊繃。譬如，公司把一群職員調到新的辦公室，和另外一組職員共同使用這個空間。他們已經熟悉了以前自己的私人環境，因此士氣迅速滑落，人員流動率也跟著攀升。除此之外，有些主管會故意侵犯員工的領土，來作為一種處罰。舉個例子來說，當員工和公司在進行集體談判的時候，員工採取一些拖延工作進度的策略，譬如超出平常公司規定的休息時間。如果主管開始監督員工休息室，檢查是否有員工超過休息時間還待在裡面。那麼員工可能會轉移陣地，拿本刊物故意逗留在洗手間裡。主管見招拆招，也許會把廁所隔間的門給拆了。這招雖然能有效縮短員工逗留在洗手間的時間，但是員工的反應可能會超乎預期的激烈。當某個空間是為了貼身活動所設計的時候，我們會更加重視這種空間所代表的隱私權。這方面的隱私權和地位有著不可分割的關係，這是眾所皆知的道理，我們可以從洗手間的設計充分看出這個現象。企業執行長的辦公室裡有附設洗手間，經理人雖然得去走廊上的洗手間，不過裡面會隔出幾間讓他們專用。員工通常得共用洗手間，而且是同時可以讓很多人使用的那種設計。

◆越高越好

各位還記得小時候玩過「占山為王」(King of the Mountain) 的遊戲嗎？每個人多多少少都玩過這個遊戲，這個遊戲裡，誰爬到最高的地位誰就贏了。在成人的世界裡，我們其實也是玩同樣的遊戲，只不過這種生存的競爭更加激烈而已。有錢的人被稱為「上層社會」，窮人則被稱為「下層社會」。當我們獲得晉升，我們可以說是在組織的階層架構中「更上一層樓」。執行長的辦公室通常在最頂層，一般員工的辦公廳則通常在最底層。如果你的地位高於別人，那你可能會「輕視」(Look Down)對方。儘管這並不是絕對，不過一般來說，領土空間高於他人通常表示地位的高高在上。

如果能夠充分掌握空間分配的知識，當你在分配空間給員工的時候，便能夠配合他們對於空間的期望。這方面的知識對於人際溝通的狀況也很有幫助，譬如，當你在和某人談話的時候，對方可能是坐著，而你則是站著，這時候你是「用長輩的口吻說話」(Talk Down)。各位應該也可以想出還有許多類似的應用方法。

◆越近越好

空間分配得越靠近高層主管，通常表示地位越高。如果辦公的位置靠近老闆，那麼表示受到老闆矚目的機率也比較高，而且和老闆互動的可能性也更高，因此更有機會參與重要的決策或獲得關鍵性的資訊。這種領土分配本身（接近老闆）就是一種重要性的象徵。

不過這個原則有時候會反其道而行。如果你對老闆實在不怎麼欣賞，或者你想要悄悄地趕上某些工作進度，那你可能會希望位置離老闆越遠越好。儘管位置靠近老闆代表地位較高（而你的確也希望獲得比較高的地位），但是心裡卻充滿矛盾。位置靠近老闆的辦公室縱然表示可能受到肯定和晉升，但是隨之而來的重責大任也是沉重的壓力。

另外還有一種空間的安排可以清楚看出地位的高低，那就是停車位的安排。地位最低的員工可能甚至於沒有地方可以停車，他們得停到街上，或是外頭付費的停車場。地位稍微高一些的人則可以把車停在公司的停車場，先到先停。高階經理及執行長則擁有專屬的停車位，而且這些停車格內通常會標示他們的名字。

本書筆者之一曾經任職於某國立大學，這所大學縱然嘴巴上強調學生的重要性，但是卻經由非言語的溝通管道透露出矛盾的訊息。行政人員及教職員根據位階不同可以把車停在教職員或員工專屬的停車場或是私人停車位，不過校園裡卻沒有學生可以停車的地方。學生必須停到付費的停車場，或是在大街上搶停車位，否則就得把車子停在距離學校五哩之遠的地方，然後搭校車進入校園。現在他轉到另外一所私立大學任教，這所大學同樣也強調學生的重要性。不過這所學校對於學生的重視及尊重卻是真的（出錢的是大爺），校園的空間規劃在在傳達出這樣的訊息。學校只發行一種停車證，教職員和學生平等分享停車的設施。

◆裡頭比外頭好

這個原則和「越近越好」的概念極為類似，只不過是固定疆域和程度上的不同。高階主管的辦公室通常位在主要大樓，不過在大樓裡，根據辦公室距離老闆的遠近、位於哪一層樓以及辦公室空間的大小還可以再區分出地位的高低。

人們在自己的辦公室或是辦公廳工作，通常會具有比較高的生產力及滿意度，如果公司要求員工到自己不熟悉的辦公環境工作，那麼生產力和滿意度都可能會隨之下降。球隊通常偏好在自己的「領土」上舉行比賽，而不是特地去適應對手所屬的球場，這個現象充分說明了這個道理。

事　物

在你領土中的事物也可以透露出你在組織裡的地位。就好像空間的運用能夠和地位象徵結合起來一樣（譬如，接近老闆的小型私人辦公室)，我們辦公空間裡「事物」的種類及使用也可以象徵地位。以下介紹一些大家廣為認同的事物價值原則：

◆越大越好

高階執行長的辦公室不但比低階經理的來的大，辦公桌及辦公傢俱通常也都比較大。公司總裁出差的時候，通常坐的是凱迪拉克 (Cadillac) 或是林肯 (Continental) 轎車，副總裁則可能是開別克 (Buick) 或是奧斯摩比 (Oldsmobliles)，至於經理則是使用雪佛蘭 (Chevrolets) 以及福特 (Ford)，如果有必要的話，可能還得和別人共乘。

◆越多越好

高階執行長通常有兩個辦公室、兩名秘書、兩臺電話，而他們享有的辦公傢俱及裝潢也比低階同儕要好很多。組織裡的高階主管通常能夠具備更多的特權，譬如俱樂部的會員資格、支出額度和餐廳的設施。組織不但會提供許多東西專供這些高階主管使用，這些高階主管也可以使用部屬的設施。

◆越乾淨越好

公司清潔人員必須每天打掃執行長的辦公室，至於店員則只需要把自己的營業範圍清潔乾淨即可。另一方面，行政人員則應該維持乾淨的儀容，不過工廠工人則可能同一件工作服穿好幾天才會換洗。

◆越整齊越好

大多數高階主管的辦公桌都非常的整齊，至少在他們會見賓客的地方會維持一個乾淨整齊的外觀。乾淨的辦公桌能夠傳達出有效率的形象，而雜亂無章的辦公桌則傳達出混亂及沒有組織的形象。乾淨而且整齊的接待區，顯示這個機構非常重視訪客，因此會盡力維持環境的美觀。同樣的道理，訪客的洗手間及用餐區域也會傳達出同樣的訊息。

◆越貴越好

這是大家都深信的道理，否則奢侈品也不會大行其道。人們每天穿的衣服、辦公室裡的傢俱、人們開的車子以及所吃的食物在在突顯出這個道理。有些文化的確強調節儉的美德，但是不可諱言的是，「昂貴」通常代表著機構裡地位的象徵。

◆非常舊或非常新，都要好過不舊不新

古董級或是造型前衛的辦公傢俱通常能夠為人們留下深刻的印象，這是一般現代的傢俱所比不上的。同樣的道理，古董車和最新款的車子都要好過出廠三、五年的車子。

◆個人的要優於大眾的

你個人的辦公桌或是椅子都是地位的象徵，地位低於你的人員只好共用辦公廳裡頭的設施。同樣的道理，你自己專屬的獎盃、筆、照片還有各種擺飾，都要強過公司所提供的物品。而且，公司會提供高階主管專屬的支出額度及一些特殊的基金款項讓他們支配，至於比較低階的人員則必須和其他人共用。

利用領土及環境來協助溝通的進行

根據先前的介紹，有些方法可以利用人們對於領土及環境的感受，來協助關係的培養與溝通的進行。譬如，我們可以安排會議舉行的地點，讓員工覺得舒服並感到自己的重要性。如果他們對周遭的環境感到自在，他們可能會渴望完成手上的工作，並且讓自己的表現配得上周圍的環境。當然，會議地點的安排必須務求周延，免得讓與會人員出現領土的問題。最後要注意的是，安排會議座位的時候應該講求彈性，讓參與會議人員能夠建立自己半固定的領域，以及作適當的空間安排。

如果主管希望和部屬建立起比較親密的關係，那麼他可以在部屬的辦公室或彼此都能夠接受的空間舉行一對一的會議。主管在談話的過程中也應該配合適當的肢體語言，站著說話或是身體傾向坐著的對方，都會傳達出權威的形象，可能會令對方產生不舒服或膽怯的感覺。換句話來說，身體往後傾，外表看起來太過輕鬆，同樣也會傳達出優越感，令部屬產生反感。

擺設辦公傢俱的方式會透露出你希望和別人互動的正式程度。如果你的椅子擺在辦公桌後面，這會對你和訪客之間形成障礙，結果你和對方的互動時間可能會比較短，而且互動的模式會相當正式。如果沒有辦公桌的障礙，你的椅子比較靠近訪客，那麼會形成比較不正式、比較輕鬆的氣氛，這會激發比較開放的互動，而且互動的時間也會比較長。

個人空間

另外一個我們賴以和別人溝通的空間是圍繞在我們周圍的空氣空間。我們會把這也視為自己的領土，彷彿是私人的氣泡一樣。我們會覺得這是自己專屬的空間，如果有人不請自來，會令我們產生反感。根據文化、個人風格的不同，人們對於這種「私人氣泡」的看法也有差異，不過我們還是可以歸納出一些基本的原理，並且透過這種溝通媒介的利用，更加清楚的傳達及接收訊息。各位有沒有在飛機上或在電影院裡和鄰座的人「爭奪」座椅把手的經驗？在我們的文化裡，碰觸絕對是一種個人空間的侵犯，因此比較具有攻擊性的人（不怕碰觸到身旁的陌生人）通常能夠贏得這場領土之爭。

人際溝通的空間

人類空間統計學的研究發現，美國商業界人士互動的距離有下面四種基本的型態。圖 11-1 對此也有很清楚的說明。

1. **親密區域**：從身體碰觸的距離到大約兩英呎的距離。

2. **個人區域**：大約兩英呎到四英呎的距離。

3. **社交區域**：大約從四英呎到十二英呎的距離。

4. **大眾區域**：從十二英呎到可以聽到及看到的距離。

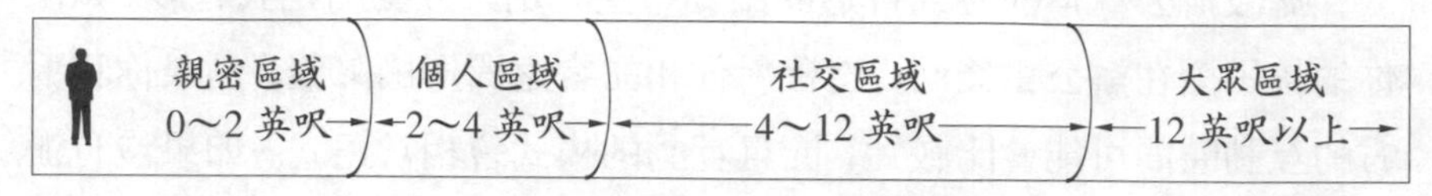

圖 11–1　人類空間統計學的區域

人們往往忽視了維持距離的重要性，往往在不自覺中侵犯到別人的空間，結果導致雙方的關係陷入緊繃，而且彼此猜忌。

以上介紹的這四種距離分別代表不同的區域，如果公事上的同儕在和你談話的過程中，侵入你的親密區域或是個人區域，你可能會感到非常的不舒服。不過如果是你的配偶進入你的親密區域或是個人區域，就算他／她近到可以碰觸你的距離，你也不會有不舒服的感覺，而且甚至於會覺得很好。經理和部屬的關係通常是從四到十二英呎的社交區域開始，不過在雙方建立起信賴的緊密關係之後，通常會進展到個人區域。

在人類空間統計學裡，我們可以把人概略的分為兩種主要的類型接觸型 (Contact) 與非接觸型 (Noncontact)。根據艾德華・何 (Edward Hall) 的說法，美國人及北歐的人通常屬於非接觸型，因為這些地區的人在談話的過程中，接觸的頻率很低。至於阿拉伯及拉丁美洲的人則屬於接觸型。此外，美國人一般來說雖然屬於非接觸型，但是還是有相當多的美國人是屬於接觸型。

當這兩大類的空間行為模式碰到一塊時，常常會產生衝突。接觸型的人會不知不覺地靠得太近，甚至於碰觸到非接觸型的人。這種行為會導致雙方產生不舒服、猜忌與誤解。在這兒舉個常見的例子來說明，當北美以及南美的商人在雞尾酒會裡碰面，對於來自南美的生意人而言，個人區域到親密區域是很恰當的互動範圍，而且在某個程度之內的接觸也是合情合理的。但對於來自北美的生意人而言，社交區域才是恰當的互動距離，而且不要有任何的碰觸。結果南美生意人不斷的靠近，北美生意人不斷的後退，直到雙方放棄這樣的拉鋸為止。

接觸以及非接觸型的人對於彼此的空間行為都不以為然。接觸型的人認為非接觸型的人害羞、冷淡、沒有禮貌，非接觸型的人則認為接觸型的人愛出風頭、具有攻擊性、沒有禮貌。人們在和不同空間行為的人互動時，往往會覺得非常困惑。當空間行為發生衝突的時候，人們可能覺得有些事情不怎麼對勁，但是卻無法立刻找出原因。人們可能把注意力集中在對方身上，研究對方的行為為什麼這麼的「不恰當」。甚至於，人們可能把注意力集中在自己身上，結果對自己的一舉一動都非常的緊張。不管是哪一種情形，人們的注意力都會轉移到互動的行為上，而不是當前溝通的對話，結果使得互動受到阻礙，自然無法有效的進行溝通。

工作關係大都屬於非個人的關係，會從社交區域的距離展開。在管理的關係建立起來、信賴也培養起來之後，雙方的距離會逐漸拉近，並且在個人區域的距離內互動，彼此也不會對對方產生不舒服的感覺。不過，互動參與者個性風格的差異卻會造成空間風格上的衝突，即使在北美地區的商業文化也是如此。譬如，熱情的親切型或表達型的人在和分析型或主導型的部屬互動時，可能對於拍拍對方的肩膀或手臂感到很自然，但是卻可能令對方非常不舒服。其實這也是一樣的道理，我們必須能夠判斷並解讀別人的風格和行為的彈性。

人際溝通的空間策略

當別人侵入我們的個人空間時，會讓我們感到非常的不自在，正由於我們有這樣的體認，因此自己會形成一些特定的行為，以避免這樣的壓力，並且防止別人再度超過界線。查爾斯・達爾頓 (Charles Dalton) 和瑪麗・達爾頓 (Marie Dalton) 歸納出一些人際溝通的空間策略。最常見的策略應該是「拉大和對方的距離，到你覺得比較舒服的區域為止」。別的策略包括規避眼神的接觸，或是在你和對方中間用某些東西擋著（譬如腳凳、你的腿或是手肘）。不管是哪一種類型的談話，什麼樣的位置最舒服，都要看對方及情況的本質而定。

◆兩人安排 (Dyad Arrangements)

當兩個人以輕鬆的態度進行對話，雙方對於話題以及彼此都感到很自在，這時候會偏好對角 (Corner to Corner) 的位置安排。如圖 11–2 所呈現的，這種位置安排能夠讓雙方毫無限制的進行眼神的交流，而且非言語的訊號（譬如臉部表情以及姿態）也能夠發揮到極致。當兩人打算專心在某個工作上的時候，他們會偏好並肩 (Side by Side) 的坐法。如圖 11–3 所呈現的，在這種位置安排之下，雙方很難讀取非言語的表達，而且雙方靠得很近，超出了平常他們可以容忍的距離。由於雙方都專心在工作上，並且打算和彼此合作，因此隨之產生的信賴讓他們能夠忍受這種不舒服感，得以順利完成手邊的工作。

圖 11–4 裡的兩人隔著桌子面對面 (Across the Table) 的坐著，這種位置安排有時候是進行輕鬆的對談，不過大多數的時候，都是用來進行競爭性的對話。這樣的安排讓雙方可以在近距離觀察對方非言語的蛛絲馬跡，而且雙方之間有個安全性的屏障。

圖 11–2　對角的座位安排

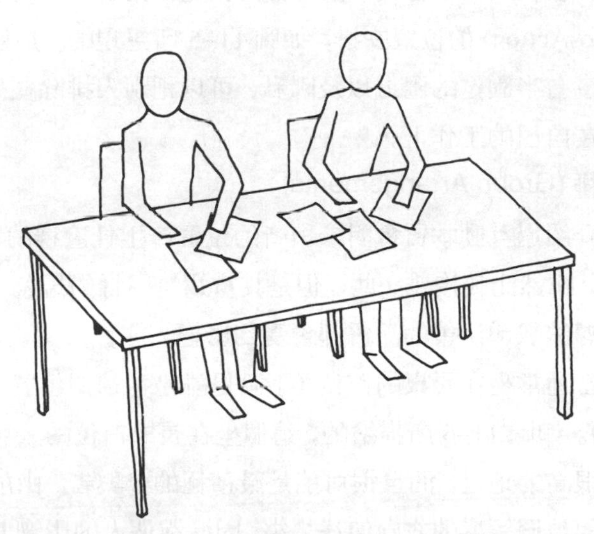

圖 11–3　並肩的座位安排

圖 11–4　競爭性的座位安排

當參與者在同一個位置，但是各自獨立作業的時候，他們會偏好協同作業 (Co-Action) 的位置安排，如圖 11–5 所呈現的。這樣的位置安排讓參與者享有半固定的疆域以及隱私，可以把別人排除在外，這樣他們可以專心在自己的工作上。

◆群體安排 (Group Arrangements)

我們介紹過互動本質會對參與者的位置產生什麼樣的影響。以群體來說的話，雖然比較複雜一些，但是其實還是同樣的現象，諸如溝通的模式、領導統馭和決策的品質都會受到影響。

領導者通常坐在長桌的首位 (不論是誰坐在這個位置，都很容易積極的參與)。如圖 11–6 所描繪的，這個坐在長桌首位的人可能在這個團體裡具有很高的地位，而且很可能是最積極的參與者。由於大家會把他們的意見朝這個領導的方向傳送過來，因此這個人的影響力會高於其他的參與者，而其對於討論過程的喜好程度也會高於長桌兩旁的參與者。

正式的領導者通常會坐在桌子的首位。如果群體成員大家都是平等的地位，那麼坐在這個首位的人最有可能成為最具影響力的人，因為他具有接收與傳授言語及非言語溝通的優勢。

圖 11–5　協同作業的座位安排

圖 11–6　群體以及主導領袖的位置安排

為了平衡主導領袖的影響力，其他的群體成員有時候會集中坐在一塊，就像圖 11–7 所描述的。儘管這種聚集在一塊的做法大多出於下意識的反應，領導者和其他群體成員之間的確因此更容易的讀取非言語的訊息。正式會議裡，一般人會避免緊緊挨著領導者坐，這樣的現象也有異曲同工之妙。

圖 11–7　平衡主導領袖的座位安排

特殊安排的決定要素

兩人或群體的位置安排有許多決定要素，其中包括了接觸的角度、個性、先前的關係、種族及性別。

◆接觸的角度

女性對於別人從旁接觸的容忍度會大於正面的接觸。這和男性正好相反，男性對於別人從正面接觸的容忍度會大於從旁的接觸。女性和別人談話的時候，隔著桌子面對面的座位安排會多於男性，而且她們在和群體討論的過程中，比較傾向和坐在旁邊的人談話。一般來說，當別人靠得比較近的時候，女性的容忍度會比男性高。

◆個　性

誠如先前所介紹的，親切型及表達型的人比主導型及分析型的人偏好比較近距離的人際溝通空間。同樣的道理，外向的人在進行人際溝通的時候，對於比較近的距離會比內向的人更能夠接受。此外，如果人們覺得可以掌控自己的生活，那麼就算溝通的對方靠得比較近也還能夠接受；如果人們覺得自己的生活受到別人的掌控，那麼他們對於近距離的溝通空間就沒有那麼大的容忍度。「適應型」與「疏離型」的人比較喜歡近距離的溝通，至於「吸收型」和「聚合型」的人則比較希望有距離的溝通，而且沒有任何的肢體接觸。主導型及階級組織型的人則會把距離拉得遠遠的，而且有可能的話，根本不想要任何的互動（除了電話上的交談之外）。

◆先前的關係

如果以往向來能夠成功的和別人互動，這種人會比較樂意和別人進行近距離的互動；如果以前互動的經驗不甚理想，那麼這種人對於和別人的互動會感到不自在，因此會保持比較大的距離。同樣的道理，如果人們彼此吸引，而且渴望對其正面的感受進行溝通，那麼他們的距離會靠得比較近；如果這些人彼此漠不關心，而且互相敵視，那麼情況就正好相反。

◆種　族

一般來說，同一種族的人彼此會靠得比較近，不同種族的人在一起時則會彼此離得比較遠。當同一種族的人在進行互動的時候，黑人女性對於近距離的接受度最高，接下來是黑人男性，然後是白人女性，最後則是白人男性（白人男性和別人離的距離最遠）。

◆性　別

異性相吸是眾所皆知的道理，不論是男性還是女性，都比較喜歡和異性相處，而不是同性。不過當女性和同性互動的時候，她們彼此之間可以靠得比較近；當男性和同性在一塊的時候，則無法容忍這麼近的距離。研究結果證實，男性員工和女性主管互動的時候，會比和男性主管互動具有更高的空間容忍度。但是對於女性員工而言，不管和她們互動的主管是女性還是男性，她們對於雙方空間的距離容忍度都是一樣的。

互動式管理的涵義

仔細觀察自己的行為，檢討自己如何利用空間，並且思考自己對於做法不同的人會有什麼反應，這個做法能夠讓你對於個人空間的利用獲得更深入的了解。你能夠更有技巧的把你想要溝通的訊息傳達給別人，並且了解別人想要表達的訊息。

如果經理沒有獲得部屬的邀請（不論是言語的還是非言語的）就侵入部屬的空間區域，雙方關係非常可能會陷入緊繃，而且信賴的程度會節節下降。這種監督的關係會變得沒有生產力，部屬根本不願意配合。若要建立起互信互賴的關係，那麼你得當心不要侵入部屬的個人空間或是領土，以免冒犯了他們。每個人都很重視自己的隱私，對於魯莽的侵入者必然會產生反感。經理如果忽視行為的空間法則，那可是會造成嚴重的後果：雙方關係會陷入緊繃，信賴感節節下降，經理的可靠度遭到折損，而且讓員工積極投入的可能性則變得更低。

各位可以利用空間的概念來加強你和員工之間的信賴關係。主管和員工的關係起初是在社交區域透過面對面的接觸建立起來的，然後漸漸出現一百八十度的轉變，雙方距離拉近到個人區域，並且可以肩並肩進行互動。然而速度不能夠太快（免得引起壓力），也不能太慢（免得忽略了部屬的「邀請」)。互動式經理人尊重、了解並且能夠有效的運用空間的概念，影響所及，員工會更注意經理的談話，更加信賴對方，溝通的效果更好，主管和員工的關係也會變得更有生產力。

參考文獻

ALESSANDRA, A. J., "Body Language," Chapter 8 in *Non-Manipulative Selling* (San Diego, Calif.: Courseware, 1979),pp. 95–118.

ATHOS, A. G., and GABARRO, J. J., "Communication: The Use of Time, Space, and Things," Chapter 1 in *Interpersonal Behavior: Communication and Understanding in Relationships* (Englewood Cliffs, N.J.: Prentice-Hall, 1978), pp. 7–22.

DALTON, C., and DALTON, M., "Personal Communications: The Space Factor," *Machine Design* (September 23, 1976), pp. 94–98.

HALL, E. J., *The Silent Dimension* (New York: Doubleday, 1959).

HALL, E. J., *The Hidden Dimension* (New York: Doubleday, 1966).

第十二章 如何利用時間大有文章

當你必須和老闆約時間討論某個議題，但是老闆卻讓你在門外枯等，你會有什麼樣的感受？如果某個同事或部屬每次開會都遲到呢？如果某個人為了和你會面而提早到達，你會有什麼感覺？要是老闆要求你週末加班呢？如果老闆不像以往那樣和你相處那麼多的時間，反而在別的同事身上花的時間比較長，你的感受又是如何？

以上這些例子都是為了讓各位了解，我們如何安排、利用時間的方式會傳遞出訊息，讓對方了解我們的感受——特別是好惡的感覺——或重要性及地位。時間是一種不斷流逝、無法回收的稀有資源。因此，你把時間花在誰的身上，還有花時間的方式和時機都會透露出你對對方的感受。

安東尼・艾索教授判斷出準確性 (Accuracy)、稀有性 (Scarcity) 與重複性 (Repetition) 三種主要的變數，為人們對於時間的利用賦予意義。儘管時間利用的法則會根據情況的不同而有所差異，但是如果我們可以聽得到時間的話，我們對於時間的利用必然會傳達出許多的「訊息」。

準確性

我們對於時間的準確性是極為在乎的。手錶的廣告總是強調一年的誤差不會超過幾秒鐘，而且我們把手錶戴在手腕上，好讓自己隨時能夠掌握時間，並且照著時間表做事。正由於我們對於時間準確性的要求，我們利用時間的方法便能夠為別人傳達出某些訊息。

各位可以想想看生平第一次約會的時候。許多男士可能會很早就到達女方的住處，但是卻開著車子在房子附近繞來繞去，以免太早去敲女方的門，會透露出自己很焦慮的情緒。至於女孩子，在男伴到達之後還在自己的房間裡故意拖拖拉拉個幾分鐘，以免對方發現自己的不安。不過，如果其中一方遲到，那可得好好解釋一番，否則會產生自己不在乎這個約會的誤會。同樣的道理，如果某個員工每次公司開會都遲到，那麼經理理所當然的會認定這個部屬不在乎公司會議，結果自然會勃然大怒。如果經理每次開會都遲到，那麼部屬很可能也會認定經理漠不關心。所以，我們對於時間利用的精確度往往會「告訴」對方我們的態度是否在乎（不論這樣的訊息究竟正確與否）。

時間也會透露我們對別人的相對地位以及權力有何感受。如果公司總裁要某個低階經理到她的辦公室開會，那麼低階經理可能會提早到她的辦公室門口等。因為雙方地位上的差異，這個低階經理理所當然的認為就算有一方要等，應該也是他等。總裁的時間要寶貴得多，不能隨便浪費，至於別人的時間則沒有那麼的珍貴。

利用時間的方式也可用來界定關係。如果兩個同等地位的經理人彼此競爭得非常激烈，其中一位可能會試圖安排對方的時間，藉以顯示自己擁有比較高的地位和權力。假設其中一位經理叫另外一位待會進他的辦公室開會。這個經理一方面想藉此抬高自己的地位，另一方面則企圖是貶低對方的影響力（指定時間和地點）。而且這個經理沒有提前通知、臨時說要開會的做法，其實是在暗示對方沒有別的事情好做。對方就算是同意前來開會，很可能不會準時到達。而且他也不會為自己的遲到道歉。這足以讓召開會議的經理怒火中燒，不過還不算是公開的汙辱。這樣的做法其實是為了傳遞出這樣的訊息：「現在我們扯平了。我的時間和你的一樣寶貴，我和你的地位是平等的。」

利用時間來操控或控制別人的做法是很常見的，不過不論我們是起頭的這一方還是接收的一方，通常都沒有意識到這樣的意圖。如果我們讓別人來安排自己的時間，這通常是因為對方擁有比較高的地位或權力。如果我們放棄自己想要做的事情，來遷就對方安排的時間，那麼這八成是因為對方的地位或是權力比較高。現在大家都越來越重視個人的時間，員工越來越不願意夜間或週末加班，由此更是可見一斑。

我們讓別人等得越久，對方的感受就可能越糟糕。想像一下這樣的狀況：有個中階經理接獲和總裁在下午一點鐘開會的通知，這位經理為了顯示他對總裁的尊敬，因此提早在十二點五十分就到達。他等到一點十分，這時候他還能夠保持風度，只是麻煩秘書小姐通知總裁他已經在等候了。如果這位秘書問過總裁之後的回答是總裁馬上就可以接見他，那麼這位經理大概還可以再等個十五分鐘。但是當他等到一點四十五分的時候，這位經理可能會動怒，並且認為總裁對於見不見他根本就不在乎。如果這時候總裁馬上接見這位經理，但不做任何解釋就直接進行會議，這位經理很可能會表現得非常彆扭、易怒。這會對會議的進行以及雙方的關係造成負面的影響。如果這位總裁先道歉，然後提供一些深入的資訊作為解釋，那麼經理很可能就會釋懷，因為老闆的時間畢竟比他的時間要寶貴得多。

一般來說，等待的時間越久，就需要越多的「安撫」才能夠抵銷留下來的「棕色戳記」。對於這個流程的了解能夠讓你更加了解自己在枯等別人時的感受，如果別人依約前來，但是你卻讓對方枯等，那麼這方面的知識也能夠讓你更純熟的平撫對方的怒氣，免得對方覺得被你擺了一道。說出我們的意圖以及發掘我們對於時間利用的假設，有助於提升生產力，並且能夠產生令人更滿意的關係。

稀有性

時間和金錢對於大多數人而言都是有限的資源。我們把錢花在什麼事物上，能夠「告訴」別人我們重視什麼，同樣的道理，我們把時間花在誰的身上，也能夠透露出我們對於對方的感受。我們決定把時間花在和某個人相處的時候，相對的也必須放棄一些其他的選擇，而這樣的抉擇會透露出我們對於什麼才是最重要的看法。

社會學者發現，喜好的程度會隨著互動頻率的增加而提升；不過各位對此可能不以為然，隨便想一想都可以找出一些例外的情況。換句話說，人們可能會把退縮或是互動頻率降低視為喜好程度下降的指標，然而同樣的道理，這樣的認定可能失之主見，因為這可能是因為一些其他的因素，譬如你必須參與某個非常重要的活動，而這和對方根本沒有任何關係。你的員工特別容易出現這樣的反應，他們對你如何運用時間之關注可能超出你的想像，因此如果他們的解讀出現謬誤或是偏離重要的人事物，那麼問題也會隨之浮現。

譬如，某個員工工作的領域出現了問題或是有新的工作流程需要適應，因此你必須花比較多的時間在這個員工身上，結果你花在其他部屬身上的時間因此而暫時減少，這可能會令其他部屬覺得你比較重視那個員工，甚至於認為你偏心。

時間的「成本」可能隨時都不太一樣，這要看你有多少工作要做以及你有多少時間投入這些工作。譬如，如果你急著要完成某個報告，但有位部屬走進你的辦公室和你隨便聊了一會兒，這樣的溝通可能會很勉強。不過，如果這段時間的價值對雙方而言都是一樣的（也就是說雙方都沒有什麼重要的工作需要完成），那麼雙方的對話就沒有這麼大的壓力。如果對方把這種壓力解讀為「你現在不方便，我不想把時間浪費在你身上」，那麼可能會導致雙方關係的惡化。有時候只要你檢討看看自己的情況以及為什麼時間會如此緊迫，就可以避免這樣的壓力。如果有必要的話，你也可以把日子定在未來的某一天，這也有助於避免這種壓力的產生。

一般來說，由於人們把時間視為一種稀有的資源，因此我們花時間和誰相處往往被視為我們重視對方的意思。了解到這樣的想法，我們可以針對自己如何運用時間的理由充分加以說明，提升雙方關係的生產力。這樣的做法不但能夠避免別人對你如何運用時間做出錯誤的臆測，而且你也不會在沒有查證之下就妄自作出判斷，傷感情的問題自然也就無從發生。

重複性

時間對我們的意義也會反映在活動的重複性上。如果別人打斷了我們熟悉的模式，往往會令我們覺得惱怒。譬如，錯過早上十點鐘喝咖啡的休息時間，或是因為加班而錯過和家人的晚餐。

人們對於季節（另外一種型態的時間）的運用及感受各有不同。人們對於不同季節與假日的活動及感受都已經成為習慣。譬如，耶誕節要和家人團聚，大家會互相傳達祝賀與感情，在這段假期中有各式各樣的傳統儀式。耶誕假期期間的工作量通常很少，如果要求部屬在這段期間加班，會令他們產生極大的反感。

如果打斷大家已經行之有年的模式，那麼可是會被視為剝奪別人的權利，而你也會被視為罪魁禍首，結果大家的敵意都會衝著你來。因此，各位在安排調整工作量時必須要非常小心，特別是假期的工作量應該特別當心。各位應該利用問話的技巧，來判斷每個人個別的活動模式與期望。

正由於我們如何運用時間的方法能夠傳達出這麼豐富的資訊，因此了解這些資訊的意義，能夠讓我們更有效的和他人進行溝通與培養關係。對經理人而言更是如此，因為部屬往往會密切注意經理非言語的訊息。因此精確的利用時間，並且對我們利用時間的理由加以說明，都有助於避免員工誤會、提升互相信賴程度，雙方的關係也會因此變得更具生產力。

參考文獻

ATHOS, A. G., and GABARRO, J. J., "Communication: The Use of Time, Space, and Things," Chapter 1 in *Interpersonal Behavior: Communication and Understanding in Relationships* (Englewood Cliffs, N. J.: Prentice-Hall, 1978), pp. 7–22.

第十三章 確認對方的回應

如果有人對你說以下這些話，你覺得這些話是什麼意思？拿份紙筆把感覺記下來。

「等一下。」
「我馬上就到。」
「不很遠。」
「我們有時候得去那兒應酬一下。」
「我馬上就要。」
「我希望你做得很好。」
「這些我們會提供一點，而且不收費用。」
「我們得加強溝通。」
「但願每個男人都留長頭髮。」
「這會花很多錢。」
「待會打電話給我，我們再討論。」

各位看到這兒可能已經了解，這些說法都非常的模糊。在正常的對話中，這樣的說法非常可能造成誤解，除非說話的人有詳細的解釋。譬如，如果某個人這麼說，「待會打電話給我，我們再討論。」他是說十五分鐘之後，還是一個小時之後、明天，還是下個禮拜？而且，如果有個人這麼說，「但願每個男人都留長頭髮。」她所說的長頭髮是什麼意思？

蓋住耳朵的就算長頭髮嗎?還是要長到衣領的程度?超過衣領?甚至腰?這些說法就和另外成千上萬的說法一樣，意義可以無限的衍生。因此在溝通過程中，這些模糊的說法非常容易導致誤解。可惜的是，我們每天和別人對話多少都會用到這些模糊不清的說法，以為對方會了解我們要說的意思。除非對話雙方針對這些模糊的部分加以澄清和證實，否則很可能造成誤解，而偏離原本的溝通方向，導致雙方關係進一步的惡化。其實只要利用意見回應的技巧，就能夠把這些高度模糊的說法轉變為清楚、有效的溝通。

人們往往把溝通當中意見回應的運用視為理所當然。在管理的過程中，意見回應可以說是最普遍的溝通活動，卻也是最容易被誤解的環節。意見回應可能是人際溝通過程中最重要的層面，透過適當的意見回應，雙方的溝通才會有意義。如果沒有回應的話，溝通雙方要怎麼「真正」的了解對方溝通的重點到底是什麼?在你和員工、同儕和主管對話的過程中，你有沒有過這樣的感覺:「我知道你認為自己了解我在說些什麼，可是我並不確定你聽到的就是我想要傳達的訊息。」有效運用意見回應的技巧，能夠降低這種誤解出現的機率。

筆者之一最近到某個郵局去寄一個COD(Cash on Delivery，貨到付款)的包裹。他到了郵局之後，告訴郵局的櫃檯人員他想要寄什麼東西、打算怎麼寄。這個櫃檯人員開始填寫資料單，詢問一些相關的問題。起先這些問題都還算簡單，寄件人的姓名、地址，以及收件人的姓名、地址，這些問題雙方都溝通得很順利。但是後來這個櫃檯人員問道，「這個物品的價值多少?」雙方卻產生了溝通的困擾。他立刻想到的回答是七十九點五美元，櫃檯人員馬上就把數字填在表上，然後繼續填寫這張單子上的其他問題。接著櫃檯人員對他解釋COD的流程，還有他什麼時候可以收到款項和收到多少等細節，才講了大約兩分鐘，櫃檯人員就提到他會從收件人收到七十九點五美元的款項。這時候筆者澄清，「可是我跟他收五十九塊五而已。」這時候櫃檯人員很生氣的說道，「你跟我說這個物品價值七十九塊五，現在又說五十九塊五，到底是哪一個價錢?你可不可以說清楚?」他立刻發現到雙方溝通出了什麼樣的問題，並且試著澄清這樣的誤解，以免雙方陷入爭執之中。他對這個櫃檯人員解釋說，「這個物品的價值多少?」這個問題問得太過模糊。這個物品事實上的確價值七十九塊五，但是這個情況特殊，因此他只向收件人收取五十九塊五。在這個情形中，雙方都難辭其咎。櫃檯人員問題太過模糊，適合的答案不只一個而已。而筆者也有責任，因為他並未利用我們現在討論的回應技巧，詢問櫃檯人員「這個物品的價值多少?」的問題到底是什麼意思。當人們在澄清這類的誤解時，切勿妄下任何的評斷、批評或透過語調、肢體語言來教訓對方。經過這樣的誤會，雙方都會記取一些教訓。雙向有效的溝通絕對不是一個目的地，而是一段旅程。不論是經驗老到的專家還是生手，都必須謹慎的努力經營。

當你透過言語、音調或肢體動作對對方的話或作為有所反應，或者期待對方對於你說的話或做的事有所反應，那麼你就是在使用意見回應的技巧，這是有效雙向溝通的關鍵。本章將會探討意見回應的技巧，協助各位更有效、更清楚的和員工進行溝通。

意見回應的種類

意見的回應有幾種不同的型態，其中包括了言語的回應、非言語的回應、事實的回應以及感覺的回應。每個類型的回應在溝通的過程中各有其目的。

◆言語的回應 (Verbal Feedback)

言語的回應是人們使用最普遍、了解最多的回應類型。透過言語的回應，各位互動式經理可以達到一些非常有用的目的。首先，你可以利用言語的回應要求部屬澄清自己所說的話。第二，你可以利用言語的回應給予員工正面或是負面的「安撫」。第三，你可以利用言語的回應，判斷應該如何組織要向員工做的說明。

向員工提出簡單的問句，你可以藉此判斷是否溝通方向應該維持同一個方向，還是應該對你的策略做些調整。如果你發覺你說得太快，員工可能沒有充分了解你所說的話，那麼你可以這麼問道，「有時候我話匣子一開就說個不停，結果往往說得太快，如果我針對這些議題說慢一點些，對各位有沒有幫助?」如果你覺得你可能得加快說明的速度，也可以用同樣的方法來詢問對方。譬如「我們應該深入討論這個議題嗎?」之類的問題讓你可以判斷員工的興趣及對於這段談話的理解程度。員工的回答可以讓你避免把話題扯得太久或是縮得太短。這些問題都只是要求員工指引方向而已。「你希望直接討論這個工作的細節，還是希望先詢問一些其他的問題?」這樣的問題讓你可以判斷員工目前的心理狀態以及他們的接受程度。要是沒有這方面的資訊，你可能會一直深入工作的細節部分，但是員工心裡頭一直惦記著自己的問題，因此對你所做的解釋也沒有投注什麼注意力。透過這種詢問的過程，你可以了解應該如何針對每個個別員工的需求來修正自己談話的風格與解說的方式。儘管這樣的方法短期而言會花比較多的時間，但是長期而言卻絕對是值得的。因為這能夠避免溝通出現問題及改善員工的接收、了解的程度並提升員工的生產力。

經理也應該利用言語上的回應來提供員工正面和負面的「安撫」。當員工的表現不錯的時候，就應該受到主管的認同和鼓勵。因此只要說說這些鼓勵的話：「你做得很不錯」、「你把這個案子做得太棒了，績效遠遠超過其他人」、「我非常信賴你」、「繼續好好表現」，這樣就能夠讓員工知道自己的表現已經受到你的肯定。經常有效的給予員工這種類型的意見回應，能夠促使員工繼續追求更好的表現。另一方面，當員工的行為應該加以訓誡的時候，經理就應該出面給予這樣的意見。當員工工作表現及個人的成效不彰時，經理最糟糕的反應就是視若無睹，這樣等於是默認了員工的行為。諸如這樣的句子：「菲爾跟我說他實在很怕你進他的辦公室，因為你每次去都跟他起衝突」、「這些工作的結尾做得拖拖拉拉」、「你說你會把工作做完，結果根本沒有這麼做」，都能夠對員工產生告誡的作用，並且改正效率不彰的行為模式。在你和員工溝通的過程中，為了務求精確及清楚，你應該把心中勾勒出來的輪廓描述給員工聽，這樣可以確認你是否真的了解員工想要傳達的訊息。鼓勵員工也這麼做。如果員工對你所傳達的訊息並沒有任何回應，那麼明智的經理人應該要求員工如法炮製。當雙方提供對彼此的回應時，應該以自己的說法來解讀對方的意思，避免採用對方使用的字眼。

以確認為目的的回應通常以下面這些話做開場白：

「讓我確定一下，看看我對你所說的話是否完全理解。」
「讓我看看能否把剛才討論過的重點做個總結。」
「我聽到你說……」
「我應該是聽到你說你最擔心的是……」
「據我的了解，你主要的目的是……」

這類敘述的結尾通常是：

「我對你所說的話是否了解無誤？」
「我聽到的是否正確？」
「我對你的理解是否正確無誤？」

「這些是否為你主要擔心的地方?」

「你可否為我的總結加些補充?」

◆非言語的回應 (Nonverbal Feedback)

透過身體、眼神、臉部表情、姿態以及感官，人們可以傳遞出各式各樣正面或負面的態度、感覺及意見。你和員工溝通的時候，可能會有意或無心的傳遞出這樣的訊息，而他們也會透過這些管道來傳遞訊息給你。這些都是人們溝通非言語回應的型態。敏感度和接收度高的溝通者會利用對方傳遞出來的非言語回應，來組織訊息的內容及訊息的方向。結果雙方的互動能夠繼續有效的進行，互相信賴的程度提升，關係中的可靠度也會跟著增加。

你傳遞出多少非言語回應或接收到多少這類的回應其實都不是重點，最重要的是你如何解讀和如何回應這些訊息。當員工的興趣逐漸流失的時候，你一定要能夠及時的發現，這是非常重要的事情。具備對員工非言語回應的敏感度與觀察能力，你才能夠適時的調整步調、議題或任何能夠吸引員工注意力的事情。此外，你也得注意自己對員工傳達出什麼樣的非言語訊息作為回應。許多沒有效率的經理人會傳遞出互相矛盾的訊息。這表示這些經理人嘴巴上說的是一回事，但是音調和肢體語言卻傳遞出完全相反的訊息。這些互相矛盾的訊息會令員工無所適從，迫使他們從這些訊息的言語和非言語層面中選擇。在這樣的情況之下，他們往往會選擇非言語的層面。當你對員工傳遞出互相矛盾的訊息時，員工的壓力會立刻升高，並且感到非常的不安。員工會覺得你在故意隱藏什麼事情，或是不夠誠實（不論這樣的感覺究竟是對還是錯）。不幸的是，許多經理人都不知道原來自己傳遞出互相矛盾的訊息。各位必須了解，這種矛盾的訊息可是會對你和員工的關係造成很大的殺傷力。你所傳遞出來的言語和非言語的回應應該力求一致才行。

我們在先前的章節中討論過傾聽的技巧，其中提到注意的過程。這其實不過是給予員工非言語的回應。這樣的做法能夠讓員工知道，他所說的訊息已經被你接收到，而且能夠讓他了解你對這些訊息的感受。沒有人喜歡和沒有感情、沒有反應的木頭人講話。他們想要的是意見的回應，他們追求的也是你的意見回應。你得努力給予對方一致的意見回應，特別是非言語這一類型的回應。

◆事實的回應 (Fact Feedback)

先前談到詢問技巧的章節裡，我們曾經提到有種問題叫做「探尋事實的問題」，這類問題的目的在促使員工提供特定的資訊或數據。如果這些「事實」值得你費心思從員工那兒搜索出來，那麼必然也值得你正確無誤的接收，這也就是事實的回應。有時候當你提供重要的資訊給員工時，員工也應該正確無誤的接收這些訊息，事實的回應在這時候就能夠發揮用處。

如果你得仰賴別人提供的重要「事實」，別人也得仰賴你所提供的事實，這時候雙方是否精確的提供與接收這些資訊便具有不容忽視的重要性。當你想要獲得澄清、同意或是更正的時候，便應該利用事實的回應。事實的回應也可以用在解讀訊息、措詞或句子上頭。以下訊息其用字或句子有模糊之處，最適合作為事實回應的敘述。

「由於最近公司裁員，所有的員工從現在開始都應該更加努力的工作。」

「你得等一下才會有位子。」

「不要花太多時間在工作上。」

「在這家公司裡，我們都非常的開放，而且民主。」

「我們接受重要的信用卡。」

「我們將會前往費城和紐約。我們希望在那兒開第一家分店。」

如果敘述中有模糊不清的地方，那麼很容易就會產生誤解，這時候我們應該利用事實的回應，對訊息加以澄清。

◆感覺的回應 (Feeling Feedback)

對於員工傳遞出來的訊息，清楚了解其中的用字遣詞、句子和事實是非常重要的。要是不夠了解，你和員工兩人就會像雞同鴨講。提升溝通的正確性固然很重要，不過這終究還是停留在討論的表面而已。你的員工為什麼會說這樣的話？這番話背後的原因和動機為何？這些訊息裡有多少人的感覺牽涉在內？她對自己傳遞出來的訊息到底有著什麼樣的感受？她是否知道自己所說的這番話真的打動了你感覺的層面？她是否知道你真的很在乎她所說的話？這些問題在在突顯出雙向溝通中感覺回應的重要性。感覺回應必須是雙向的。互動式經理人應該努力了解員工訊息中的感受、情緒、態度。此外，你也應該提供感覺回應給員工，讓對方了解你已經接收到訊息——不只是表面的接收，而是收到內心發出的訊息。事實回應是雙方智慧的溝通交流，感覺回應則應該是心靈的相遇。感覺回應其實只是有效的運用同理心，也就是設身處地站在員工的立場來看事情。當你真正可以感受到員工的真實感受，了解他的經歷，並且把這種情緒上的認知展現給員工知道，那麼你和員工之間的關係能夠更加的和諧，溝通的壓力會減輕許多，信賴的關係也會更加緊密。傳遞與接收感覺回應的主要工具包括了探索性質的問題、支持性與了解的回應，以及對於適當非言語訊號的了解和投射。除非你和員工真正了解彼此的真實感受，否則「事實」根本派不上用場。透過事實回應可以改善溝通的準確性，透過感覺回應的同理心，能夠讓你和員工的關係更加和諧。

有效利用回應

如果各位花個幾分鐘仔細想想看，你可能會想起好幾次都是只憑著上述的回應模式就輕輕鬆鬆的化解了一些溝通上的麻煩。雙方之間要進行有效的溝通並不容易。各位必須勤加練習才能夠順利進行有效的溝通。對於非言語行為保持高度的敏感度，利用積極聆聽的技巧、適時提問的技巧都有助於溝通的進行。但是如果缺少回應這個重要的環節，那麼縱然熟稔上述的各種技巧也是枉然。透過有效的運用回應技巧，各位可以創造出良好的溝通氣氛。以下幾點建議能夠協助各位有效的運用回應的技巧。

◆定義的提供以及獲取

東尼從小在東北部長大，後來他搬到中西部上大學，這時候他首度嘗到了溝通不良的滋味。他到達印第安那州之後，到某家咖啡館買點食物和飲料。他點了三明治和櫻桃汽水。當女服務生把他的餐點送過來的時候，三明治是對了，但是櫻桃汽水上卻放了一球冰淇淋。東尼跟這個女服務生反應說他並沒有點冰淇淋汽水，並且要求她換成櫻桃汽水。不過這個女服務生卻堅持這就是櫻桃汽水，東尼怎麼都不認同她的說法。這個服務生堅持自己是對的，東尼也是堅持己見。兩個人僵持不下，壓力隨之高漲。東尼從這個經驗學到很寶貴的教訓。就算在美國，同樣的字在不同的地區也會有不同的意義。在紐約市，如果某個人點了櫻桃汽水，他會喝到一杯加了櫻桃糖漿的碳酸飲料。但在中西部點櫻桃汽水，他拿到的汽水上會加一球冰淇淋。東尼和這個女服務生其實都沒錯，但同時也都不對。其實只要透過定義的提供及取得，這兩個人就可以化干戈為玉帛，這個溝通問題自然也不會擴大。

每個人、每個團體、每個地區或是每個社會對於字、句子的解讀都不盡相同。當人們相信或假設對方所用的字眼只有一個意思的時候，他們很可能會假裝了解對方所說的話，但是實際上則不然。各位在日常對話中所使用的字幾乎都有多重的意思。事實上，我們的語言裡最常見的五百個字在字典中的定義超過了一萬四千多個。譬如，如果某個人能夠迅速的跑步，那麼我們可以說他跑得很「快」(Fast)。不過，"Fast"這個字也表示動彈不得、齋戒，或狀況良好的跑道。此外，這個字也用來形容底片曝光，或是細菌對殺蟲劑產生抗藥性的情況。

即使是簡單的字也富有各式各樣的定義，因此當經理人以為（或假裝）自己了解員工的真正意思時，其實卻不是這麼一回事。這最後會導致誤解，並且使得溝通的過程破裂，雙方的信賴遭到折損。因此，在詢問及傾聽的過程中，定義的提供及取得是不可或缺的環節。

◆不要假設

假設這個東西最終會讓你惹上麻煩。在人際溝通的過程當中，假設對方的想法或是感受和你當前一樣，這是非常危險的做法。對方思考的參考標準可能和你的截然不同。她會根據她所知道的事情及自己的信念來反應與接收資訊，這和你的反應、看法和信念會有極大的出入。如果你假設對方的想法和感受與你一樣，那麼出錯的機率會非常高。不要假設自己和對方所說的是同樣的東西，也不要假設彼此理當了解對方的用字及句子中的意思。典型的假設是：「我完全了解你的意思」。許多人甚至根本不用回應技巧來判斷對方到底是什麼意思，就冒出這樣的話。

善加利用回應的技巧，盡量避免假設，這樣你在人際溝通的過程中，才會更加順暢、愉快與準確。

◆提出問題

問題有許多不同的用處。我們在第六章已經討論過一些。各位要記得如何利用問題來探詢回應。有個非常好的經驗法則是：「只要有懷疑的地方，就要加以探討。」有效使用詢問的技巧可以說是探討最好的方法之一。澄清型態、重複型態、持續性、開放性，還有探詢事實與探詢感受的問題，各位在溝通的過程中應該善加利用這些問題，來探詢對方的回應。

◆說同樣的語言

避免使用對方很容易誤解的字眼，特別是技術上的專有名詞和公司的術語。你或許很熟悉這些語言，但是和你說話的人卻可能完全不了解。簡化你使用的語言及專業術語，讓每一個員工都能夠了解你的意思，即使你認為他們確實了解或應該了解這些意思。

◆保持敏銳的觀察力

在和員工溝通的時候，各位需要不斷仔細觀察員工非言語的訊息，注意員工是否因為你說話的方式而感到不悅及失去傾聽的興趣，並且適時掌握這些變化。如果你發現這樣的情況發生時，趕緊調整你說話的方式及所傳遞的訊息。我們先前就說過這個重點，不過這個原則極為重要，說再多遍也不為過。觀察對方，了解他們在和你互動的過程中有什麼樣的感受，最重要的是，妥當的回應這些感受。

◆回應的重點應該是對事不對人

這句話是指妥善運用對員工的正面安撫和負面訓誡。當員工的表現特別傑出時，應該給予正面的回應，並且把回應的重點放在員工的行動或行為的表現上。當員工做錯了事情或表現得特別糟糕的時候，應該給予他們負面的訓誡，而這些訓誡的重點應該放在你希望他們改正的行動或行為上。不論情況多麼的糟糕，都不要針對個人謾罵，這樣的行為不但會貶低員工，而且會令他們的生產力更加低落。許多沒有效率的經理人一聽到員工犯錯的訊息，立刻會破口大罵：「你是個白痴」、「這真是愚蠢到了極點」、「你什麼都沒辦法做對，對不對?」這些都是不恰當的回應。沒有多久，這些訊息會深植在員工的心裡。除非員工知道哪些行為或行動需要加以改正或改善，否則你要他們如何著手改善表現？由此可見，各位不論是稱讚或處罰員工，都應該針對員工的行為和行動，而不是針對個人。

◆避免妄加回應

適當的回應固然很重要，但是有的時候不如沒有回應，在這種情況下，你得忍住不說，並且避免肢體語言與臉部表情洩漏你的看法。幾個月之前，另一位筆者拜訪一對夫婦。在等先生整理儀容的時候，筆者和這位太太在餐廳談話。突然間，這位先生跑進餐廳，用大聲而且急促的音調問太太說，「這件襯衫是在哪一家洗的?」詢問的同時，他還抓著襯衫的衣領抖一抖，而且好像瞪著老婆。我這位同事起初以為這個先生對這件襯衫的清洗成果非常不滿意。在這種情形之下，大多數的配偶都會為自己辯解，甚至於會反擊。不過這位太太卻能夠忍住不適當的回應，並且詢問對方的回應。她以溫和的語氣(而且沒有令人不悅的肢體語言)回答說，「我拿到 XYZ 這家店去洗的。你為什麼會這樣問?」他的回答出乎我的意料之外。他說，到目前為止只有這家洗衣店是用正確的處理方法來清洗他的襯衫。他跟老婆說以後襯衫都要拿給這家店洗。從這個故事各位可以清楚的看到，有時候最好忍住不適當的反應，先運用有效的回應技巧確定對方的意圖後再做回應。

如果妥善運用回應的技巧，你和員工之間能夠培養出信賴及可靠的關係，並且大幅降低壓力你可以運用回應的技巧來找出員工的需要或是所面臨的問題，也可以利用這個技巧來確認員工的需求，以免產生誤會。此外，回應的技巧也可以讓你和員工的關係大幅改善，因為雙方對於關係的發展都能夠有充分的掌握。最重要的是，運用回應技巧能夠改善你這一方的談話。透過回應，你可以判斷哪些領域需要多花些時間以及哪些地方用不著花那麼多的時間。不過也不要濫用回應的技巧，倘若誤判非言語的訊息可是會造成很多的問題。我們應該利用回應的技巧，澄清所有不清楚的言語、音調和所觀察到的訊息。回應技巧如果應用得宜，可以有效改善你和員工之間的關係。雙方理解能力的提升能夠降低溝通時的壓力，並且增加信賴和可靠的感覺，從而提升員工的生產力。在這個互動式管理的關係中，雙方都是贏家。

透過互動的力量來解決問題

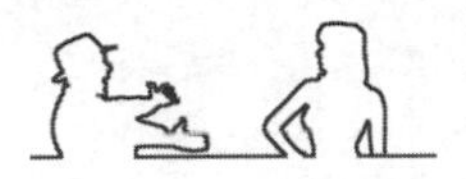

我們在第一章裡曾經利用腳踏車的比喻，說明經理應該具備人際關係的知識與技術性的知識。本書的第一和第二部分 ——「了解人們」及「互動式溝通的技巧」，提供各位知識的「前輪」也就是人際關係的知識。這些部分能夠協助各位提升敏感度並且指引各位方向，讓你們更有效、更適當的運用互動式管理知識裡頭的技術層面。本書最後一個部分將會說明如何實踐「後輪」技術性知識，協助各位應用互動式管理中解決問題的流程。

以下五章裡，將會一步一步的介紹互動式管理解決問題流程的策略。說得更明白一些，我們將會介紹問題的界定、開發行動方案、執行這些行動方案和追蹤成果等步驟。這方面的知識會讓各位獲得驅動互動式管理流程的力量。結合前面兩個部分，最後這個部分能夠提供詳細的技術性知識，協助各位成功執行互動式管理的理念，順利推動這個重要的「後輪」。現在是否能成功、有效的騎著這輛「腳踏車」隨處暢遊就要看各位的本事了。

第十四章
合力解決問題

經理人如何做出決策並解決問題呢? 當他們回答這類的問題時，典型的回答是:「我不知道，我只是做份內的工作。」他們或許不能清楚說明採取的是哪些步驟或運用哪些原則，但是所有的經理人可能都一致認同這個道理: 做出「好的」決策並且有效解決問題都是良好管理的重要關鍵。即使大多數的經理人可能沒有體認到這點，但是不可諱言的是，他們大多都會採取一套常見的步驟，來進行決策並解決問題。這個流程包括以下步驟:

1. 問題的體認。
2. 問題的定義。
3. 找出解決方案。
4. 執行解決方案。

經理人對這個流程的進行速度和周全的程度，會根據經理人的決策風格、溝通技巧的效率以及他們和員工關係的品質而有所差異。果決型的經理雖然能夠迅速做出決定，但是思考方面卻不夠周延，往往沒有仔細分析所有的資料、考慮其他人的感受，也沒有考量到另外某個領域的某個決定可能會造成什麼衝擊。彈性型的經理則會在各些方案之間搖擺不定，似乎永遠都做不出果決、持久的決定。另外一種極端的型態是階級組織型的人，這種類型的經理人好像要好幾個禮拜的時間才能夠做出決定。他們會仔細分析問題的每個層面，並且希望把所有的資料都納入考慮之後才做出決定。不過一旦做出決定，不管這個決定有什麼瑕疵，都不會再更改。整合型的人和階級組織型的人一樣都會花大量的時間分析資料，不過糟糕的是，整合型的人好像永遠也做不出任何決定，因為他們老是覺得「還沒有蒐集到完整的資料」，結果往往錯失解決問題的機會。

我們為互動式管理所建議的問題解決流程，其實是大多數經理人決策時多多少少都經歷過的步驟（只不過他們自己沒有注意到而已）。不過大部分的目標管理 (Management by Objectives, MBO) 計劃最近紛紛在問題解決和決策方面開發出最新方法，配合這些最尖端的方法之後，我們這套解決問題的流程獲得相當大的改善。這也突顯出技術性管理及互動式管理的差異。互動式管理方式裡解決問題的方法就如表 14-1 所呈現的。只要能了解並不斷運用這套方法，大多數決策風格的缺點都可以克服，技術性的管理策略也能獲得改善。

我們可以從解決問題流程的細節，看出技術性及互動式管理之間具有相當大的差異。互動式管理和技術性管理兩者的不同，在於互動式管理強調培養信賴度，並且把重心放在員工真正的需求及問題上，而不是單單注重公司的目標，或單單把員工的需求視為提高員工配合度的工具。本章稍後將會針對技術性及互動式管理在協助員工滿足需求方面的差異提供整體的介紹。接下來的幾章裡，我們則會針對互動式管理解決問題流程的步驟作詳細的介紹。

界定問題的定義

在界定問題定義的這個階段，經理人及員工會蒐集資訊並分析目前存在的問題，以了解員工有什麼需求或希望經理提供什麼協助。在互動

表 14-1 互動式管理中解決問題的流程 *

1.界定問題的定義 a. 建立信賴的關係 b. 澄清目標 c. 評估目前的情勢 d. 找出問題的癥結 e. 界定與分析問題 f. 針對需要解決的問題達成共識
2.開發行動方案 a. 檢討信賴關係 b. 建立決策標準 c. 開發行動替代方案 d. 評估行動替代方案 e. 選出最佳方案
3.執行行動方案 a. 檢討信賴關係 b. 分派工作和劃分責任 c. 設定執行的時間表 d. 增強投入的使命感及激勵
4.追蹤後續發展 a. 檢討信賴關係 b. 建立成功標準 c. 判斷如何衡量表現 d. 監督成果 e. 採取更正的行動

* 所有的步驟都是由經理及部屬共同參與。

式管理中，花在蒐集與分析資訊上的時間，在解決問題流程的各個步驟中是最多的。員工的問題或需求必須能獲得充分了解，並且被正確的界定出來，這樣問題才得以有效的解決，情況也才能夠大幅改善。其餘解決問題的步驟則必須以正確的資訊作為基礎。

不過技術性管理在這個階段所下的功夫就很有限。大多數的時間都是花在追求公司的目標以及說明員工應該如何配合上。根本沒有任何時間是花在考量員工的感受或界定他們特定的需求。事實上，技術性經理人往往會「告訴」員工他們有哪些問題與需求，然後迅速直接進入開發行動方案的步驟。這等於是暗示員工他們的需求並不重要，經理人新開發的行動方案對員工和公司才是最好的。當然，許多人會用這種方法來「管理」員工的問題。不過這種方法的基礎薄弱，會使員工成為眼前的輸家，公司則成為將來的輸家。互動式經理人會花時間協助員工判斷應該怎麼做才能把工作做得更好，這麼一來員工和公司雙贏，就不再會有輸家出現了。

開發行動方案

在互動式管理中，新的行動方案講究的是參與性及量身打造。經理人和員工共同提出各式各樣的解決方案，然後從中找出可行的方案，並且針對員工特定的需求或問題（在前一個步驟裡界定出來的問題與需求）規劃出新的行動方案。這會讓員工產生很大的興趣，而且會一直維持下去。畢竟，這些方案解決的是員工切身的問題，而且是由經理人和員工共同創造出來的。這和技術性管理的負面結果截然不同，在技術性管理中，解決方案的產生完全沒有員工的參與，而是由上層片面決定的。

在互動式管理中，規劃行動方案的步驟具有很高的參與性。員工會積極參與解決方案的規劃過程，決定採取哪一個解決方案，並根據特定的需求來設計新的行動方案。互動式管理會鼓勵員工盡量發言，也鼓勵經理人仔細聆聽，這種做法讓員工和經理人能夠合作攜手，一同為自己的未來發揮影響力，而員工和經理人的關係也能更加坦誠公開，並培養出更深的信賴。

技術性經理人則不會考慮員工個人的感受與需求，而會直接進入開發新行動方案的程序。即使經理要求員工列舉他們的需求，往往只是表面功夫，員工所列舉的事項多是他們認為經理人想要聽的，無法真正透露出問題的癥結。技術性管理的方法通常把重心放在最有利組織的解決方案上，並且假設員工的需求會在這樣的過程中獲得滿足。這種開發行動方案的過程往往忽略了個人的差異及需求。結果員工也聽不進去經理講的話。不過如果員工不仔細傾聽，或是不相信解決方案最符合他自己的利益，那麼新的行動方案就絕對無法成功施行，就算執行出來必然也是錯誤百出，而員工也不會投入全部的心力。

執行行動方案

不管解決方案具有多麼大的潛力，除非確實的執行，否則根本無法發揮效用。行動方案是否能夠有效的執行，要看參與者是否全心全意的投入而定。

互動式管理的過程是從培養員工的使命感開始，在互相信賴與彼此尊重的氣氛中對解決方案達成共識，並且積極的投入，這和技術性管理方法帶來的壓力是截然不同的。互動式管理的第一個階段，便是由經理人和員工一同找出員工的問題、需求及目標，接著攜手合作設計解決方案，員工能夠全程參與而且到了開發行動方案最後的討論階段，員工對於解決方案會具備非常堅定的使命感。由於互動式管理有這種激發員工使命感的做法，因此解決方案的執行就只是早晚的問題，而非能不能的問題。

追蹤後續發展

互動式管理與技術性管理之間的差異，可以從追蹤後續發展這個步驟清楚的呈現出來。這個時候經理人會協助員工執行新的行動方案，並且觀察執行過程是否順暢。在這個步驟的第一個階段，互動式經理人會花很多時間確定這套新的行動方案確實對每個員工都能發揮效用。

技術性的經理人則會用不同的方法來追蹤後續的發展。在這種管理風格之下，這個追蹤步驟的「控制」意味會變得很濃厚。他們會「壓抑」員工，要求員工務必完成「份內的工作」。在追蹤後續發展的過程中，技術性經理人會扮演「家長式」的角色。各位看到這裡自然可以了解，這種做法會對員工造成多麼沉重的壓力。

許多現代的經理人越來越注重追蹤後續工作這個步驟，希望能夠提升這個階段的績效。互動式管理的方法能夠讓他們達到這樣的目的，畢竟，當員工的需求獲得滿足，他們自然會全心全意的協助經理，成為經理最大的助手，他們的生產力通常會比未獲滿足的員工要高得多。心有不滿的員工會儘可能打混摸魚，甚至找機會「扯平」。互動式管理強調的是長期、互相信賴的關係，仔細、勤快的追蹤後續工作發展能夠為這樣的關係打下穩固的基礎，建立起合作無間的工作團隊，團隊成員則會彼此協助，彼此仰賴。

在接下來的幾章中，我們將會深入探討互動式管理解決問題過程的各個步驟。

參考文獻

ELBING, A., *Behavioral Decisions in Organizations*, 2nd ed. (Glenview, Ill.: Scott, Foresman, 1978).

GIEGOLD, W. C., *Management by Objectives: A Self-Instructional Approach* (New York: McGraw-Hill, 1978).

MORRISEY, G. L., *Management by Objectives and Results for Business and Industry*, 2nd ed. (Reading, Mass.: Addison-Wesley, 1977).

第十五章 界定問題的定義

正確的界定出員工的問題說起來容易，做起來可不簡單。員工一開始對於問題的說明經常會令人模糊混淆，而且他們通常不知道問題的癥結到底在哪裡，或者是感到很困惑及困擾。有時候，員工因為不想顯得很蠢或是不想對這個狀況負責任，可能會故意迴避問題的討論。

為了協助員工解決問題，經理人必須從員工的角度來看事情，並且了解為什麼這個問題會使得員工無法達成理想的工作目標。經理人和員工都必須對問題具備清楚的了解，問題才可能順利的解決。

當你和員工在解決問題的過程中互動時，請跟著圖 15-1 的步驟做。照著這些步驟，你能夠一步一步的了解員工的需求與所面臨的問題。各位完成這些步驟之後，就能夠根據你和員工的關係以及員工的行為、決策與學習風格的差異採取不同的策略。接下來這些步驟，將會讓各位順利完成互動式管理中界定問題定義的目標。

步驟一：建立信賴的關係

員工需要覺得被了解與接受，而且也必須具備足夠解決問題的信心。員工必須對你的存在感到有安全感，才會開放心胸和你討論他對問題各個層面的看法。

在這個階段，提升信賴的程度及降低壓力（這正是互動式管理的精華）占有非常重要的地位。要是缺乏相關資訊，無法對問題進行正確的

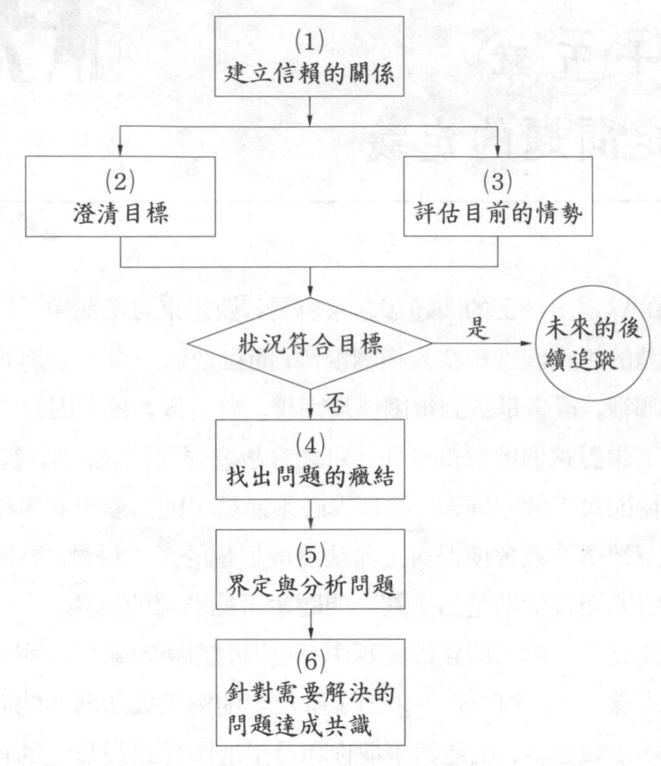

圖 15–1　界定問題的定義

界定，那麼接下來的這些步驟就算做了也是枉然。

你所創造出來的第一印象（你對員工的信心或是興趣）將是培養信賴的基石。想想看我們在「形象」這一章裡所提供的建議，再想想看你為對方留下正面印象的情形。那個時候是哪些形象元素幫了大忙？試想一下你從一開始和員工接觸就事事都不順心的情況，是哪些形象元素阻礙了你和員工建立良好關係？你呈現出來的音質如何？你的肢體語言是否在這個重要的起步階段「傳遞」出什麼訊息？

運用「彈性」：用員工希望的方法來對待他們。當你和員工針對解決問題進行初步的討論時，能不能夠順利的建立起互相信賴的關係，絕大部分都是要看你如何和員工的「風格」互動而定。這些初步的互動攸關經理人和員工的關係未來會出現正面或負面的發展。如果你在這個環節做得很有技巧，那麼你會順利建立起信賴的優勢。各位要記住，判斷並確認員工的行為、學習與決策的風格，再根據你本身的風格偏好和跟員工的差異來做調整。如果員工想要直接進入討論問題的核心，那你就不要滔滔不絕的講述最新的消息，稍微忍耐一下應該不會很困難吧。如果員工想要說他的渡假經驗，那麼你在討論問題之前也不妨聽聽他的故事，只要有助於解決問題的過程進行順利，那麼就算花點時間聽這些不相干的事情也無所謂。你和員工之間的關係好壞可能都要看你如何適切的回應。各位要記住，應該在起步階段好好的引導員工表達想法和意見，這樣你才能夠更迅速的判斷出對方的風格偏好。

除此之外，你也得運用積極聆聽的技巧。有了這樣的技巧，員工會立刻感受到你很注意及重視他的談話內容，這一點是非常重要的。你在傾聽的時候提出重複與澄清式的問題，不但能讓員工覺得你很了解他的心聲，而且有助於釐清所有的衍生問題。

謹慎、巧妙的運用風格彈性及溝通技巧，可以讓你順利的和員工建立起互信互賴的關係，而且能夠透過這樣的關係建立並維繫可靠性。第一個階段（建立信賴關係）雖然是個獨立的步驟，但是其中的流程和技巧在隨後的階段都會不斷的運用到。

當各位進行互動式管理解決問題的各個階段時，每個新的階段一開始都得先檢討信賴程度然後才能夠進行。各位要記住，唯有建立並維繫信賴的關係，這些步驟才能順利進行；各位必須透過行動和言語的力量，讓員工知道你真心誠意的想要協助他們解決特定的問題，並且滿足他們個人及事業上的需求。

步驟二：澄清目標

目標是某個事情的理想處境，也就是你和員工希望達成的境界。如果你不知道自己的目標是什麼，那麼自然也無從了解自己的問題到底出在哪裡，頂多只是覺得很茫然，不知道想做些什麼。在大多數的情況下，最好先向員工說明你的目的，然後才著手評估目前的情勢。這麼做的目的在於，如果先對情勢進行評估，那麼人類的天性會根據已經發生的情勢來敘述目標。這樣的做法或許能夠滿足所拘泥的形式，但是對於成果卻沒有什麼幫助，因為這就好像「為了務求達到目標，先發射再說，不管你射中哪裡，都可以說這個點就是你的目標。」

目標的設定至少能夠滿足四個目的，第一，這能夠將員工希望完成的目標清楚敘述出來，並且有文件的記錄。這樣一來，目標不但被承認，同時員工也能因此而全心投入。第二，設定目標能夠為目前及未來的績效建立評量的基礎。第三，員工能夠充分的掌握目標及獲得正面的動機來努力。最後，掌握目標方向要比漫無目的的四處猶疑更容易達到理想的境界。換句話說，表現得更好的機率也就越高。

當經理在協助員工設定目標的時候，應該運用互動式的技巧，諸如積極聆聽、提出問題及行為上的彈性等，來協助員工確定這些目標的設定確實無誤，而且把員工個人最重要的需求納入考量。有些員工會揣測主管想要聽到什麼樣的話，我們應該避免這種揣測的情況。而這需要強而有力的信賴關係作為後盾，並且把以下這些深入的問題納入考量：

「我是誰？」

「我為什麼會在這個公司？我為什麼做這個工作？」

「我想要貢獻些什麼？我希望獲得什麼樣的回報？」

經理必須確保個別員工設定的目標有助於達成公司的整體組織。不過，若要員工真心接受或全心投入經理所建議的目標，那麼就要反過來，公司的目標必須有助於員工達成個人的目標才行。

經理肩負著協調所有部屬的責任。也就是說，經理必須確保這個員工目標能夠和其他員工個別的目標互相吻合。事實上，為了避免某個特定員工設定的目標對其他員工造成負面影響，同時也避免員工覺得受到不公平待遇，在某些情況下，經理不妨在團體會議當中進行個別的目標設定，好讓所有相關的人員都可以公開的參與。

如果所設定的目標只在當前的表現水準打轉，那麼對於激勵員工向上的價值可以說是零。但是如果把目標設定得太高，顯然無法達成，那麼可能會令員工的士氣受到打擊。事實上，這樣的做法會使得信賴與信心遭到嚴重的摧毀，結果使得主管與部屬之間的關係造成災難性的後果。因此，目標的設定固然是為了追求更高的表現境界，但是這樣的境界必須在員工的能力範圍之內。

步驟三：評估目前的情勢

在評估員工目前的環境時，經理人必須把員工有「什麼」表現與績效「如何」這兩個層面納入考慮。而且，經理應該同時考慮到公司與員工兩方的需求，並且以這樣的角度來考量情勢。

經理人從公司的角度出發來看事情的時候，他有責任知道應該掌握哪些重點。如果經理人無法有信心的對情勢進行這樣的評估，那麼這位經理可得立刻和自己的主管針對這方面工作的重要變數加以釐清才行。假設這個經理人對於公司重視的地方都非常熟悉，那就應該向員工說明這些重點，這樣雙方才能夠一同評估情勢。

技術性管理的經理人有個很大的問題，那就是他們只會以公司的立場來看事情。即使他們也重視員工的成長與發展，但是他們卻把員工「真正的」需求和員工「應該」有什麼個人目標分開來看。結果由於員工覺得經理並不了解他們，甚至懷疑經理是不是真的在乎他們，因此員工會採取防衛的態度，壓力也不斷上升，這會對主管和員工的信賴關係造成很大的損害。

互動式經理人的確在乎員工對於情況的看法。公司及員工雙方都必須是贏家，能夠長久又有生產力的關係才值得維繫。因此，互動式經理人會利用恰當的技巧來評估員工的風格特色，並且根據對方的風格來加以因應。互動式經理人也會利用非言語的技巧來建立並維繫信賴的關係，並且運用傾聽及詢問的技巧，讓雙方真正了解對方的感受及看法。

為了徹底了解員工對於情況的看法，經理人可能需要對員工如何看待自己與人生之類的領域進行探索。當經理人運用互動式的溝通技巧，向員工回應獨特的見解時，員工不但會覺得受到了解及接受，而且雙方也都會對情勢評估的意義有了更深的了解。

決定：目前的情勢是否吻合目標和目的？你可能得召開許多次會議才能夠確認目前的情勢、目標和目的，但是有可能只需要一次會議就可以全部搞定。在下過功夫之後，會對目前的情勢、目標和目的的理想狀態有所了解。在這時候，你需要將目前情勢及理想狀態進行比較，看這兩者是否吻合。

當你列舉出清單之後，便可以協助員工切實進行比較，而不是隨意的臆測，從而清楚掌握目前狀態和理想情勢之間不吻合的地方。有時候員工可能覺得已經達成目標和目的，但是事實上則不然。探索的技巧可以在這裡派上用場，協助員工判斷目標是不是定得過於狹隘、不夠遠大，或是太過異想天開。

同樣的，人們有時候會過度誇張目前的情勢或是把它視為理所當然。你每次詢問員工他們目前的行動計劃進展如何時，有多少回他們總是回答進度很令人滿意？員工往往這麼認為，但事實上還有許多進步的空間。在解決問題的時候，經理人應該從所有的角度來分析目前的局勢，以確定目前局勢能夠盡量貼近理想的目標和目的。

當理想的境界（目標和目的）與事情的實際狀況（局勢）相當類似，而且也進行得很順暢，經理應該稱讚員工的表現，並且日後對這個局勢進行後續的發展追蹤。如果員工和公司的目標都已獲得滿足，那麼繼續下去非但沒有什麼意思，甚至可能浪費彼此的時間。另一方面，你可能會接收到員工潛力不止於此的暗示。這時候，你應該把會面的時間往後挪，並且研究如何開發及運用這些潛力。額外的訓練或增加工作責任或許可以用來滿足員工追求個人成長的需求，也能讓公司從這些員工身上獲得更大的好處。如果經理人未能發現員工的潛能，或未能適切的處理，那麼未來很可能有各種問題陸續浮現，即使目前的情勢確實吻合理想的目標，員工還是會產生無聊與挫折的感覺。

經理和員工訪談的過程通常會透露出經理是否能夠協助員工改善目前狀況的訊息。互動式經理人仔細蒐集資料，能夠讓員工與經理人雙方辨認、了解及接受目前的情勢。如果經理人和員工雙方都認為目前的情勢和所期待的理想境界有段差距，那就可以進入判斷問題這下一個步驟。在這時候，試著找出造成目前局勢和理想境界無法吻合的癥結。

步驟四：找出問題的癥結

各位在這個步驟之前，必須針對需要滿足的需求或是需要解決的問題界定出清楚的定義。此外，各位也需要蒐集額外的資訊，對相關的要素進行分析，以便判斷到底應該解決哪一個問題。唯有這樣，你和員工才能夠共同攜手合作，開發出符合員工目標的行動方案。

尋找問題的癥結。如果指導的形式老是被誤解，那麼這個形式是否不夠完善？還是資訊蒐集得不夠？人們常常會犯隨便臆測原因的毛病，我們應該參考過所有可能的相關方案之後，再找出最可能的原因。

如果倉促的做出假設，人們往往會把症狀當作問題的癥結。這些症狀一旦消失，員工和經理人就以為問題已經成功解決了。這就好像用藥物控制皮膚疹一樣，在藥物的控制之下，皮膚固然不會再出現紅腫的症狀，但是當你發現客廳裡的盆栽才是皮膚過敏的罪魁禍首後，問題才算真正解決（把盆栽搬走之後，就算沒有藥物的控制，你的皮膚也不會再出現發癢的症狀）。你得為實際現狀為何不符合理想目標的問題找出正確的根源，而不是光看表面的症狀而已。

當你在尋找問題癥結的時候，不要只是因為解決方法很簡單就犯上述的錯誤。你或許會因為解決一個簡單的「問題」而洋洋得意，但是如果你只是解決了問題的症狀，那你最後可能會比「問題解決」以前還要困惑。要想成功的解決問題，你得具備勇氣面對真正艱難的狀況，並且傾聽你可能不想聽到的事情，你還得具備開發有效解決方案的能力。如果你找錯問題來解決，那麼員工對你的信賴及信心會大為折損，而且這對你目前的處境一點幫助也沒有。

各位需要記住，準確的判斷問題癥結雖然聽起來很容易，但是做起來卻不簡單。這也是為什麼「找出問題癥結」這個階段往往被視為解決問題當中最困難、最重要的步驟。在這個步驟如果做得不對，那麼可能會造成嚴重的後果；某個無辜的人可能會被冠上莫須有的罪名；深具價值的員工可能會因此而被炒魷魚；某個重要的計劃可能因此而無法達到目標。

步驟五：界定與分析問題

檢討問題是否受到充分的分析和正確的界定是一種安全措施，目的是避免做出錯誤假設、治標不治本以及防止失之片面的了解等問題發生。花點額外的時間及心思，確定你已經蒐集到所需的所有資訊。利用你在開發、澄清與探索方面的技巧要求員工針對找出來的問題提供更多的相關資料和需求，並且要求員工證實或更正你對這個問題的理解。你可能會用澄清的敘述提供員工新的資訊，藉以刺激員工針對手邊的議題進行更進一步的思考。這樣的過程應該持續到你和員工雙方對於判斷出來的問題癥結都感到滿意並充分的理解為止。

在這樣的過程中，各位必須了解員工獨特的風格組合，並且根據對方的風格來回應。利用你具備的所有技巧和對方溝通，讓雙方都很清楚彼此感興趣或擔心的地方。此外，你也必須具備高度的敏感度，並且努力維繫信賴的關係。

問題分析絕對不能匆匆忙忙或馬馬虎虎的進行。各位要記住，不管你解決方案做得多麼的完美，但是只要問題診斷的品質馬虎草率，那麼一切都是枉然。良好的問題分析工作應該具備以下這些標準：

1. **話語及事實應該有所區分：**員工用來敘述某個情況的話語固然能夠提供經理人最好的訊息，讓經理了解到底發生了什麼事情；但是這些話語未必能夠傳遞出精確的事實。非言語的訊息可能會透露出連員工自己也不知道的絃外之音。在做這樣的溝通時，針對你所「聽到」的事物做出回應，有助於確認訊息的正確性。同時各位也應該謹記在心，員工的話語只能夠反映出個人的看法，而且所透露出的個人看法可能凌駕在真正的事實之上。這兩者都是很重要的。

2.**找出原因，而不是相互指責：**經理人和員工都應該努力了解所面臨的情況以及為什麼會發生這樣的狀況，而不是妄下斷言或隨便評估。比較理想狀況和實際結果之間的差距是界定問題流程的下一個步驟。這個階段的目的在於蒐集有用的資訊，如果妄加評斷恐怕會令資訊的蒐集出現偏頗的現象。這雖然有助於情緒需求的紓解，但是對於徹底了解問題的癥結卻沒有多大助益。

3.**找出多重的因果關係：**某個情況的發生往往不只是因為某個單一的因素所造成的。譬如，公司裡的人際關係幾乎都會牽涉到至少兩個人的行為和感受，而且通常是由不同的組織要素所造成的。善加利用提問及傾聽的技巧，判斷問題「為什麼」會發生以及是「如何」產生的；這樣的做法能夠讓你發現其他有意思的原因。

步驟六：針對需要解決的問題達成共識

你可能找到不止一個問題，而且造成這個問題的原因也不止一個。第六個步驟便是判斷應該先處理哪個問題，哪些問題可以暫時擱置一旁，哪些問題不用去理會。透過優先順序的排定及決定，你可能會發現有些員工的問題超出了你的控制範圍，有些問題則沒有那麼嚴重，有些不但嚴重，而且正好在你的協助範疇之內。和員工共同進行這樣的評估工作，善加應用你對於公司遠景的了解，以及員工對於特定局勢和相關人員特質的知識。

根據問題的解決方案對於員工目標的重要性，來安排解決問題的優先順序，這是很不錯的做法。有些問題顯然比其他問題重要得多，因此就算困難度比較高，也應該優先處理。設定優先順序的基本條件是把「想要」和「需要」區分開來。你可能「想要」解決一大堆的問題，但是你應該優先處理你「需要」解決的問題，才能夠順利達成重要的目標。

當你和員工的工作開始進行的時候，把你能夠協助解決的問題列出優先順序。接著你可以進行下一個步驟，和員工共同開發出可行、嶄新的行動方案。

參考文獻

ELBING, A., “Step 2: The Diagnostic Process,” Chapter 4 in *Behavioral Decisions in Organizations*, 2nd ed. (Glenview, Ill.: Scott, Foresman, 1978), pp. 74–83.

GIEGOLD, W. C., *Management by Objectives: A Self-Instructional Approach* (New York: McGraw-Hill, 1978).

SPERRY, L., and HESS, L. R., “Guiding: Goal Setting,” Chapter 5 in *Contact Counseling* (Reading, Mass.: Addison-Wesley, 1974). pp. 113–126.

第十六章 開發行動方案

在你順利的蒐集到所需資訊、清楚的設定目標、對情勢進行評估，並找出問題的癥結之後，就可以進入下一個步驟——開發行動方案，將情勢挽回到先前可以接受的程度或改善至比較理想的境界。這個步驟的重點在於和員工攜手合作，「解決問題」的過程。大多數的人都不喜歡被別人指使，當問題一旦清楚的界定出來，難免會有衝動要告訴對方該如何解決問題，但無論如何都要忍住這股衝動。你應該從旁協助，和員工一塊找出解決問題的方法。

解決問題通常有許多方法。在這個階段，各位必須對所有可能的解決方案都保持開放的心胸，這樣你才能夠從眾多方案中選出最適合的方法。經理人和員工雙方都有必要檢討自己的偏好和先入為主的想法，這樣才能獲得最佳的解決方案。

圖 16-1 所說明的步驟，能夠協助各位規劃行動方案，有效的解決問題。記住，你們必須正確判斷出問題的癥結所在，並且對問題具備充分的了解之後，才能夠規劃出有效的行動方案。行動規劃這個步驟經常在澄清目標、評估目前局勢及界定問題等方面出現錯誤。如果有效完成界定問題定義這個階段，那麼可以運用哪些解決方案應該會很清楚的呈現在眼前，行動方案的選擇應該不會那麼困難才對。

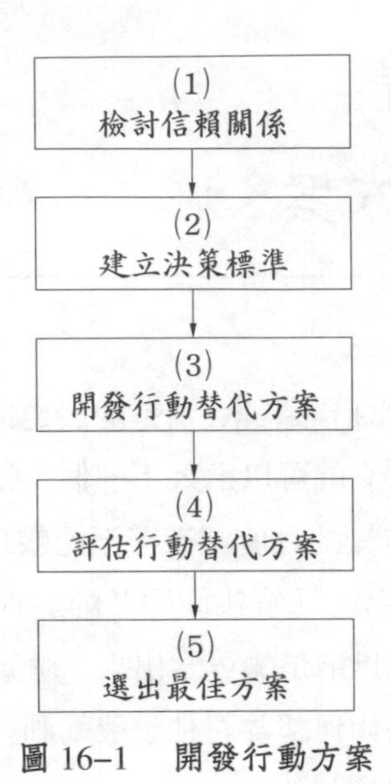

圖 16-1　開發行動方案

步驟一：檢討信賴關係

這個流程的第一個步驟是檢討雙方的信賴關係。各位要記住，維繫信賴關係的需求會一直持續下去，儘管如此，各位在互動式管理當中從一個流程進入下一個流程的時候，還是得特別注意已經建立起來的信賴水準。信賴水準高的時候，進入下一個流程會進行得很順利。但是如果信賴水準下降，員工比較不願意全心投入，而且面對應該做出的決定也沒有準備。信賴關係就好像婚姻關係一樣，都需要不斷的經營灌溉，否則就可能會落得勞燕分飛的結局。

步驟二：建立決策標準

所謂決策標準其實就是一種聲明，說明某個可以達成的重大成果，當達到這個標準的時候，就表示目標達成或問題獲得解決。譬如，決策標準應該是這樣的型態：「我必須減少百分之十廢棄物，以避免產品品質下降，產量則至少需增加百分之五。」如果解決員工問題的標準都這麼清楚，那麼這個步驟必然會非常簡單。如果所定的標準非常「夢幻」、「不合理」，或非常抽象、模糊，那麼你得協助員工把這個目標調整得比較合理與容易理解，避免員工因為不合理的標準而感到沮喪。合理的標準必須是在可行的範圍之內，而且達到標準的時候，你會清楚的知道這個結果，這就是有效行動方案的兩大特色。

決策標準應該反映出良好解決方案的目標特性。第一，目標必須明確。譬如，「我希望增加百分之五的產量」，而不是「我希望增加產量」。第二，目標必須要有可供衡量的標準。譬如，光說你要提升員工的士氣並不算是很好的解決方案目標，比較好的說法是，你想要提升員工的士氣，未來三個月員工病假減少百分之四的話（如果妥當的話），就算成功達到目標。第三，如果你真的希望員工努力達成目標的話，那麼這些標準就必須在他們能力可以達到的範圍之內。

第四個特性是所有的目標（或標準）必須能夠彼此互補。也就是說，不能為了達成某個目標而放棄其他目標。譬如，你希望更有效的輔導員工，為了達到這個目標，你可能會每天和每個員工談個幾分鐘的時間，如果有必要的話，你可能會在某些員工身上花更多的時間。不過這樣的做法卻可能會令你無法達到另外一個目標：「撰寫詳細的長篇報告」，這個目標也需要耗費相當多的時間。這兩個目標雖然都可行，但是當湊在一塊的時候，卻會造成時間的排擠效應，結果變得不太可能實現。因此，目標彼此之間應該具有互補的特性，湊到一塊的時候，必須能夠順利完成才行。

不管是什麼樣的行動方案，關鍵的標準不但應該能夠解決當前的問題，而且必須有助達成公司的目標。經理人在考慮解決方案的品質時，應該也要考慮到公司整體的目標，這是他的職責之一。經理必須考慮到某位員工的短期與長期的目標，其他員工、整個部門、相關部門及公司整體的長期、短期目標也都應該納入考量。員工或許對於某個狀況的了解最深，但是如果放牛吃草，那麼開發出來的行動方案很可能會忽略掉其他相關單位重視的部分。

另外一方面，經理人不能夠主導整個流程的進行，或是因為顧及整個機構的解決方案品質而減少了員工的參與程度或考量。光有品質並不能算是好的決定，就算是品質最高的解決方案，如果員工覺得並不符合他們的價值觀或個人的目標而無法接受的話，那麼就可能不是很好的抉擇。良好行動方案另外一個重要的標準是必須受到相關員工的接受（也就是會受到這個行動方案影響的員工以及必須負責執行這個方案的員工）。在互動式管理中，員工徹底參與解決問題的流程是一種安全的措施，可以避免這種問題的出現。在技術性管理中，由於經理把員工視為可以隨意支配的資源，因此常常會違反這個原則。互動式經理人了解，員工不同於其他諸如資本或原料之類的資源，人是有感情的，而且會在乎別人如何對待他們。因此經理人必須運用傾聽及探詢的技巧，正確的評估員工的需求和偏好。有了這些認知，我們可以發現在這個例子中，高品質的技術性決定即使把接受度也納入考量範圍，也不見得是最好的方案，甚至可能根本不可行。

步驟三：開發行動替代方案

當你和員工清楚界定問題的定義並設定良好的決策標準之後，你們便可以開始探索行動方案的各種可能性。這些行動方案是對決策標準的直接回應，因此應該會在界定問題和分析的階段從所蒐集的資訊當中自然的突顯出來。

不管你和員工是用哪一種流程來開發新的行動方案及交流想法，你們應該把目標和標準這兩項納入選擇方案的考量中，也就是想辦法讓行動方案的結果和員工的需求能互相配合。值得注意的是，你們應該務求吻合的不只是新行動方案的流程而已，結果也應該要加以配合。流程基本上是構成行動方案的各個環節及達成目標的方法。諸如「這是什麼?」「工作進行得如何?」之類的問題都能夠獲得解答。另外一方面，結果則是流程（有助於滿足員工這一方特定的需求或是解決問題的流程）的產品或是成果，這是新行動方案裡最重要的部分。事實上，員工不會平白接受一個行動方案，他們會很在乎這個方案對於改善他們處境有什麼樣的幫助。員工會先關心行動方案有何好處，然後才會探究如何順利運行。新的行動方案是達到目的的方法，而不是本身的盡頭。譬如，員工並不會只把電影院視為一棟有放映機和螢幕的建築物，而是把電影院視為能夠讓他們獲得放鬆、社交、娛樂等好處的方法。

讓員工參與開發與分析選擇方案的過程，能夠讓新行動方案的價值大幅提升。這樣一來，員工可以親自探索執行行動方案可能帶來什麼樣的好處。這表示你凡事都得考慮到員工。你必須對員工的需求保持高度的敏感度。問問自己這些問題：「如果我是員工的話，我為什麼想要執行這個計劃的行動方案?」「這對滿足我的需求有什麼樣的幫助?」「這個行動方案所帶來的好處是否超過我目前進行的方案?或比其他的行動方案還要好?」如果你對以上這些問題能提出一些不會動搖的好答案，你對於新的行動方案能為員工帶來哪些實質好處就有徹底深入的了解，這時候你不但能夠讓員工更加投入個人與工作上的行動方案，創造出更高的生產力。

當你在提出建議的過程中，員工應該做兩件事情。第一是對你所提出的行動方案有所回應與協助。第二則是建議他自己喜歡的行動方案。通常來說，你最好先要求員工提出他的建議，然後才提出你的行動方案。這樣一來，員工投入的程度會比較高，而且就算最後還是你提出的方案獲得採用，員工對於新的行動方案也會比較認同。如果最後獲得採用的行動方案是員工的建議，那麼員工對於方案的接受及有效施行的可能性會大得多。此外，員工可能會提出新鮮的點子，甚至於更好的方案，如果整個規劃的過程都是在你的主導之下，那麼很可能會錯過這些令人耳目一新的點子。

各位身為經理人也肩負同樣的責任，必須提出選擇方案及分析方案的可行性和好處。簡短說明你的點子，並且給予充分的時間，好讓雙方都可以好好思考這些方案。當你說明方案的流程和好處的時候，應該根據方案的重要性一一加以說明。首先說明對於員工最具價值（從個人需求以及工作層面）的好處，接著要求員工提供意見的回應，藉以確定員工了解這個方案對他們的好處，然後再接下來討論下個最重要的結果。這個步驟其實是在測試對方的「接受程度」。有關於流程以及結果的回應敘述應該以開放型態的問題呈現。譬如，「你覺得這對達成你的目標有什麼樣的幫助?」「這對你有什麼樣的重要性（或是你的部門)?」「你覺得可以獲得什麼樣的好處?」員工的回應會讓你獲得許多重要的訊息，了解員工對於投入這個方案的準備程度及意願。

把新的行動方案視為一趟「探索之旅」，而不是一場都是你在發言的獨角戲。一次提出一個方案的流程及其好處，並且探索對方的意見回應，然後才進行下一個，這樣的做法能夠促進雙向的溝通交流。在規劃解決方案的過程中，讓員工全程參與，為這個過程增添特殊的意義，從而了解這個新行動方案某個特定的層面對員工個人而言有什麼樣的好處。

當你在解說解決方案的選擇時，如果員工充分了解方案流程或其好處的重要性，並且表示接受或拒絕之後，你便可以繼續說明下一個方案的流程或其好處，重複同樣的過程。如果有必要的話，盡量詳細說明解決方案的細節與好處，好從容判斷員工是否準備好願意投入執行新的行動方案。

對於提出的方案抱持開放的態度，肯定這些方案的潛力，但是不要視為「絕對」。這樣可以避免讓員工感到沉重的壓力，同時也能夠避免日後後悔選擇的時機過早、所選的方案並不合適的窘境。

這個步驟，就和互動式管理其他的所有環節一樣，應該根據員工的特定需求量身打造。一定要這麼做的原因是，你和員工的合作以及所獲得的資訊攸關你所說明的這些好處和你說明的順序。每一個問題、每一個需求、每一個員工、時間的影響力，以及每個優先順序都不盡相同，新的行動方案也是一樣的道理。

不管是什麼問題，幾乎都可以找出好幾個解決方案來加以改善。選擇方案並不是二者選一的選擇題。選擇方案或許並沒有那麼明顯，但是當你用開放的心胸來看待情勢時，這些方案往往會自動浮現出來。身為經理人的各位不能光是仰賴員工提出的建議，誠如先前所說的，這樣可能會忽略掉與其他人相關的結果和標準。而且這也是經理的職責，就算在最糟糕的情況下，還是必須抱持開放的心態，並且開發出額外的選擇方案。即使可行的替代方案中沒有一個是非常理想的，但你還是可以從中挑選出一個最差強人意的方案，至少你還有選擇。

步驟四：評估行動替代方案

當行動方案各種可行的選擇方案一旦成形，你們就可以進行徹底的評估，根據先前設定的決定標準，從中找出哪一個方案能夠提供最多的好處，而且最不會產生不理想的後果。經理人和部屬應該一塊對這些選擇方案進行腦力激盪，想像如果執行這個行動方案，會有什麼樣的結果。他們應該試著預測執行層面可能碰到哪些困難，以及評估可能造成的結果。接著，他們可以針對每個選擇方案的理想程度來進行比較，然後從中做出抉擇。

當各位在評估選擇方案的時候，有幾個要素應該納入考量。在這個部分，最重要的標準應該是每個選擇方案成功的機率及發生負面後果的風險有多高。如果失敗的機率很高，代價也很大，那麼這就可能不值得考慮，即使在考慮過成功帶來的好處之後也是一樣。這裡所說的風險可能是個人或經濟方面所需承受的風險，也許是一些可能會傷害員工的名聲或影響績效評量的情況。如果某個行動方案會對員工的工作安全性或個人形象造成危害，那麼他們對這樣的方案自然不會有多大的熱情。

另外一個需要考慮的要素則是時間的問題。各位應該評估執行各種行動方案需要多少的時間，並且將此和你所具有的執行時間加以比較。另外一個時間要素的層面則是每個選擇方案的力量節約 (Economy of Effort)。這裡的重點在於判斷哪個選擇方案能夠用最少的力量獲得最大的成果。

另外一個重要的問題是「參與的員工會有什麼樣的反應?」有時候，人們對於改革的反應反而會造成更大的問題，即使原本的問題獲得解決，依然是得不償失。因此各位必須對於情緒的要素、個人價值觀及目標保持高度的敏感度。你們應該運用互動式管理中的傾聽與詢問技巧，盡量探尋相關人員對於行動方案的真正感受。你對於這些相關人員的感受越能夠正確的掌握，選出成功行動方案的機率也就越高。

當各位根據這些標準評估各個選擇方案的時候，其中有些方案顯然並不理想，各位可以隨即刪掉這些方案。有時候這樣的評估過程能夠讓某個顯然優於其他方案的提議突顯出來，那你可以很輕易的刪掉其他的選擇方案。不過，有時候選擇方案的評估結果顯示，所有的方案都不盡理想，沒有一個可以讓人接受，那麼所有提議的方案都應該就此刪除。在這樣的情況下，各位應該回到開發新選擇方案的流程。如果評估後留下幾個可行的方案，而且各有優點和缺點，那麼你就可以準備進入決定的階段。表 16–1 所呈現的決定棋盤 (Decision-Making Grid) 有時對各位評估各種選擇方案上很有幫助。

表 16–1　決定棋盤

選擇方案	標準					
	好處	成功機率	代價	風險	相關影響	時間
A 方案						
B 方案						
C 方案						

步驟五：選出最佳方案

針對各種方案進行仔細的評估之後，各位便可以著手選出最佳方案來執行。雖然我們不可能知道所選擇的方案是否真的是最好的方案，但是根據有系統的流程（譬如這裡建議的方法），則會有很大的幫助。仔細做過表 16–1 的決定棋盤之後，各位可以更加充分的了解哪個方案能夠以最小的代價或是風險得到最大的好處。我們在挑選行動方案的時候，必須把所有相關的要素都納入考慮，而不是單單考慮某個特定的目標而已。

經理人可以根據許多要素選擇一個方案來執行。這些要素是經驗、直覺、別人的建議、試驗及管理學。

有些情況會一再的重複出現。雖然各位應該對環境的各種變數保持開放的心態，但是「經驗為良師」(Experience Is the Best Teacher) 這句諺語在某個程度來說還是很有道理的。你自己的經驗或是其他經理人的經驗談，都能夠作為你判斷當前情勢時的參考。不過可別盲目的跟著以往的模式走，你從經驗中學到的教訓應該和你對目前情勢的認知配合運用。

直覺也是一個有助各位做出決定的重要要素。這些內在的直覺雖然看起來好像很神奇，冥冥中能夠讓你知道哪一個行動方案才是最理想的選擇，但是實際上並沒有那麼簡單。你這一方通常需要針對特定方案的相關變數（其中有些或許不方便公開討論，但是對你卻很重要）深入分析之後，直覺才會從這種下意識的活動中浮現。因此「感覺對的話就去做」這句話的確有幾分道理，如果你的感覺不對的話，就算正式的分析顯示某個方案是最好的選擇，也不要貿然的投入。

別人提供的建議——不管提供意見的是經理人、主管、員工或職員——都是非常寶貴的獨特見解，能夠對指引執行的方向有所幫助。別人提供的建議有時會被濫用，成為逃避責任的方法，特別是如果這個方案最後落得失敗的下場。這類的藉口通常是以這種型態呈現：「查理說要這麼做的」。如果這種類型的反應不斷的一再出現，那麼經理人大概也用不著擔心別人會怎麼想，因為別人再也不會隨便提供意見。你還是得決定要不要採用別人提供的意見，這個決定的責任絕對不能夠推給別人。

如果時間允許的話（而且結果如何也不是太重要的話），試驗（也就是測試各種方案看看結果如何）倒不失為一個很有效的方法。譬如決定辦公室傢俱應該如何擺設或是應該採購哪一款的打字機時，先行測試一番對你的決定都會有很大的幫助。儘管如此，試驗需要耗費大量的時間及金錢，這樣的限制令許多人望而卻步。

管理學中有許多精密的技術是專門為了協助經理人做出複雜量化決策所設計的，當中包括了線性規劃 (Linear Programming)、電腦模擬 (Computer Simulation) 和營運研究。處理一般性的營運問題時，這些技術未必能夠派得上用場。但是知道這些技術的存在還是有好處的，當你在量化領域需要專家的協助時，這些技術就能夠派上用場。

如果仔細分析各個流程之後，還是有好幾個方案看起來同樣重要，也不要以為這些方案會彼此排斥，其實說不定你可以擷取這些方案的精華，然後執行某種型態的綜合方案。在某些情況之下，不同的行動方案能夠在精心安排之下井然有序的執行及運作。你可以判斷這些方案是否彼此有所關聯，能夠被整合成一個綜合性質的行動方案。

在你做出決定之後，就可以著手執行這個行動方案了。儘管我們在選擇方案的時候就已經考慮過執行的層面，但是執行層面在解決問題的流程中仍然是一個獨立、關鍵性的環節。不管你選出來的方案有多麼完美，如果沒有妥善的執行，結果還是枉然。

參考文獻

ELBING, A. O., “Selection of Human Decisions,” Chapter 6 in *Behavioral Decisions in Organizations*, 2nd ed. (Glenview, Ill.: Scott, Foresman, 1978), pp. 132–153.

HAIMANN, T., and HILGERT, R. L., “Problem Solving and Decision Making,” Chapter 5 in *Supervision*, 2nd ed. (Cincinnati: South-Western Publishing, 1977), pp. 59–78.

第十七章
執行行動方案

經理人在經歷了整個解決問題的流程（界定問題、開發不同的解決方案及挑出理想的方案來達成目標）之後，卻往往因為沒有人可以執行或執行成效不彰而功虧一簣。許多技術性的決策可能用不著考慮到執行的問題，譬如安裝新冷氣機、新電腦或鋪設新地毯之類的決定，你只要說明你想要什麼並派個人負責安裝就可以了。但只要是牽涉到與人有關的決定，那麼執行層面就成了不得忽視的重要因素。

這裡的重點在於，從各種選擇方案當中選出最理想的行動方案並不是解決問題流程的終點站。就算選出再好的行動方案，如果缺乏有效的執行層面，那麼也不會有什麼價值。真正重要的問題是「怎麼做」，選出行動方案之後，應該怎麼做才能夠順利達成目標？如果把這個重要的問題從解決問題的流程中刪除，那就好像把你的決定抽離出現實面一般。

當主管和部屬看到他們同心協力開發出來的行動方案成功的執行出來，這種滿足感是筆墨所難以形容的，而且對於雙方關係的提升也會有非常大的幫助。成功不會從天上掉下來，而是需要精心策劃的執行方案配合才行。如果沒有這樣的策略，行動方案就算規劃得再好，結果還是很容易造成挫折、困惑的情緒，而且衍生的問題可能有待解決的問題還要嚴重。

大多數的行動方案都需要員工、你自己以及其他相關人員在行為上的調整。不過由於人們大多會排斥改變，因此如何克服這種人性反應的策略便顯得格外重要，應該納入執行的方案中。圖 17-1 所列舉的步驟能夠協助各位避免常見的缺點，並且成功順利的把行動方案執行出來。

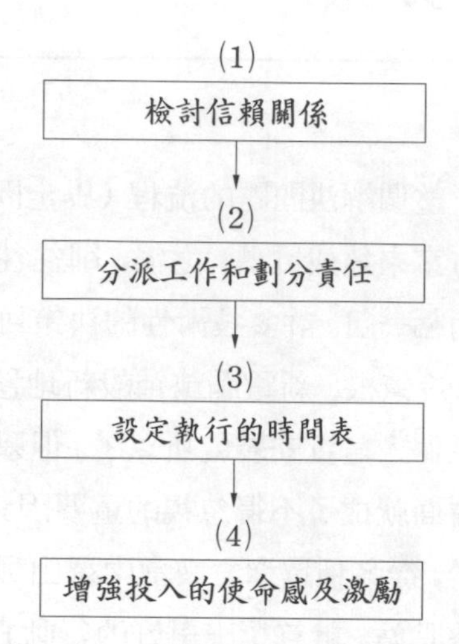

圖 17-1　執行行動方案的步驟

步驟一：檢討信賴關係

在解決問題的流程中，如果一切進行得順利，這時候主管和員工之間的信賴關係應該很穩固才對。你和員工之間已經坦誠的探索過問題的狀況，並且同心協力開發出行動方案，同時滿足雙方的需求。因此，員工應該會把這個行動方案視為達到他個人目標的最好方法，也深信你會支持並在執行的過程中提供協助。在這個階段，已經不是「是否」的問題，而是「如何」及「何時」的問題。

在你進入這個新的階段之前，應該先檢討你和員工之間的信賴關係。如果雙方的信賴關係非常的穩固，那麼就可以著手進行。如果雙方的信賴程度因為某些原因而趨於薄弱，那麼應該著手找出原因，並且花些時間重新建立雙方的信賴關係。原因會不會是有些問題並沒有徹底解決？或是因為你忽略了員工的風格偏好，反而比較注重自己的偏好？開口問問員工可能有幫助。把先前的決定及考量做個總結，並且重新討論，這些決定會對員工個人的目標和工作的滿意度造成什麼樣的影響。當你在傾聽員工的談話時，也要注意對方傳遞出的非言語訊息，並且探尋有沒有可以改進的跡象。善用你的溝通技巧，並且要盡量保持行為上的彈性。確認員工對於這個流程是否徹底了解。唯有當信賴及溝通的水準都達到最佳的狀況，才能夠進入第二個階段，並且列舉出彼此負責的工作和職責。

步驟二：分派工作和劃分責任

口頭說明並確認彼此（經理和員工）應該負責什麼工作，好讓新的行動方案順利運行。接著把這樣的約定記錄下來，明定彼此分派到的工作項目、時間及方法。為了避免產生誤會及喪失信賴感，這樣的共識必須記錄得非常詳盡。這是經理人的責任，而非員工的工作。

不管是屬於什麼樣的風格，列舉負責事項及責任都是非常重要的，不過如果對方是屬於「親切型」或「表達型」的人，那麼你最好要特別的小心。這兩種行為風格的人往往把關係的重要性擺在工作前面，除非工作項目有清楚的記錄及標明最後期限，否則這些工作可能會一直遭到拖延（出於無心的）。由於這種類型的人比較不拘小節，因此常常會忽略或忘記一些攸關執行行動方案的重要環節。「表達型」的人則缺乏組織的力量，各位和他們互動的時候，應該提供他們所缺乏的整體組織結構概念，以確保執行工作能夠有效率的進行。

如果和「親切型」的人互動，那你可得小心別太早把目標定出來，免得對方將來會出現態度遲疑或反悔的問題。如果你們以經做出決定，把確實的工作及具體的條件條列出來。仔細的說明你能夠做些什麼及願意做些什麼。如果只是滿口承諾，卻無法做到，那麼沒有多久你們的信賴關係就會消失殆盡。此外，你應該和對方一塊探索有沒有容易發生誤會或令人不滿意的地方。親切型的人不喜歡和別人發生衝突，因此就算心裡有不愉快或有不滿意的地方，也不會公開的表達他們的感受。當你探索這些容易發生不滿意或誤解之處的時候，就像你在列舉工作和職責的時候一樣，也務必要把不同的風格特性納入考量，這樣你才能夠掌握潛在可能有害的情況。

分配工作和責任的時候，只要一有衝突或問題發生，雙方應該立刻著手解決。你們可以透過溝通找出雙方都可以接受的條件，或是重新定義工作和責任。不過有的時候，雙方對於工作和責任的劃分就是無法達成共識，這時候各位應該回到第二個流程（找出新的行動方案）開頭的地方。這雖然會花比較久的時間，但是絕對值得這樣的努力。透過這樣的做法，你們可以及早發現可能造成損失的潛在問題，並且趕緊處理、排除。

步驟三：設定執行的時間表

當你和員工一塊擬定出雙方都可以接受的解決方案及指派應該負責的工作和責任之後，便可以著手進行執行階段最後一個步驟。這時候，你應該用開放性的問題要求員工提供方向的指引：譬如「我們什麼時候進行?」因為你們先前已經做過非常扎實的準備功夫，因此這時候開放性及直接的問題可以派上用場。而且由於員工在互動式管理流程中全程參與，因此一般來說，他們會針對時間、日期或其他相關的資料提供回覆。就算他們心裡可能對某些事有所顧忌，但是在這個階段，良好的信賴關係應該已經建立起來，因此他們會很自在的表達自己的看法。畢竟，你們是同心協力的解決問題。

共同建立起時間表，並且把什麼時候應該完成什麼工作的計劃給記錄下來。你們可以從結尾往前推（也就是什麼時候應該完成目標）。列舉行動方案的執行步驟順序之後，設定最後一個步驟的目標應該在什麼時候完成，然後往前推算，給予每個步驟合理的時間完成。如果沒有必要設定完成的日期（這在先前界定問題的階段會加以決定），你說不定可以照著順序往下設定時間表。不管是哪一種情況，你們設定的執行時間表應該具備以下這兩個步驟：

1. 把行動方案區分為一連串的執行步驟。
2. 估計每個步驟所需的運作時間。

步驟四：增強投入的使命感及激勵

當某個特定的順序及時間表獲得員工的認同，並認真投入，這時候你們可以開始著手執行這個方案。一開始的時候先從分析目前環境著手，此時如果一股腦的投入問題的解決，可能會讓你分心，反而忽略了當前需要考慮的環境條件。問問自己這些問題：「我們目前的處境和這個問題之間有什麼樣的關聯？」「其他相關的人會對我們的行動有什麼反應？」「什麼事情能夠使得相關的人受到激勵？」

在這個步驟，「親切型」及「分析型」的人可能最難應付。「親切型」的人動作慢，不喜歡冒險，講究安全感，這類型的人會希望有你的保證，務求執行行動方案的風險能夠降到最低。在這個步驟，你必須緩慢、溫和、但是堅定的給予指引，讓「親切型」的對方有信心繼續下去。當你親自為對方加油打氣，「親切型」的人通常會獲得足夠的力量繼續努力。

各位要知道，如果員工沒有意願的話，你再怎麼加油打氣也沒有用，但是如果員工參與整個流程的進行，共同為了解決問題而努力，這時候你的加油打氣才能夠發揮鼓舞的作用。

「分析型」的人動作也很慢，而且也不喜歡冒險。這種風格的人對於「正確」的需求非常高。如果「分析型」的人確定他們採行的行動不會造成反效果，他們投入執行的速度就不會像「親切型」的人那麼慢。各位應該提供「分析型」的人有關事實的具體保證，讓他們得到所需要的肯定。

一般來說，「主導型」及「表達型」的人在這個步驟不會造成什麼阻力，也不會有什麼遲疑不決的問題發生。這兩種類型的人通常會覺得自己已經經歷這麼一大段的流程，因此會希望立刻投入執行的階段。

方案獲得圓滿執行之後，各位可以抱著輕鬆的心情去處理別的事情。不過既然你已經熬到這個地步，目標也近在咫尺，這時你可禁不起出現任何差池。接下來這章將會介紹各位如何進行後續的追蹤工作，確保這個問題解決的流程能夠獲得理想的結果。

參考文獻

BOYD, B. B., “Making Sound Decisions,” Chapter 13 in *Management-Minded Supervision*, (New York: McGraw-Hill, 1968), pp. 274–293.

ELBING, A. O., “Implementation of the Solution,” Chapter 7 in *Behavioral Decisions in Organizations*, 2nd ed. (Glenview, Ill.: Scott, Foresman, 1978), pp. 154–177.

第十八章 追蹤後續發展

你在規劃行動方案及執行工作的時候，縱然已經把各種可能發生的狀況都納入考量，但還是不能任由員工獨力去進行執行的工作，自己則躲到一邊納涼。計劃就算再周詳，還是可能會出錯。你們必須密切觀察後續的發展，確保執行工作順利進行。

在這個階段，和員工建立起正面的工作氣氛、鼓勵員工的士氣是非常重要的工作。幸運的是，在互動式管理的態度和技巧運作之下，你和員工之間已經建立起這樣的關係。不過如果這種關係還在培養階段，那麼可別指望一夜之間情況就會出現轉變。經理人如果向來以專斷的態度管理員工，突然間卻變得和藹可親、平易近人，員工可能會認為這種態度的轉變只是經理操縱的手腕而已，結果反而使得信賴關係受到折損。不管如何，以下這幾點建議應該謹記在心：

第一，若要避免問題的干擾，那你就得置身於員工的立場來看事情。「除非你充分了解他人的立場，否則不可輕易做出評估」這句話的確有其道理，主管和員工之間的關係也應該秉持這樣的道理。當你設身處地從員工的立場來看事情時，對於員工面臨的問題會有更深入的感受及了解。你越能夠融入員工的立場，就越能夠和員工同心協力解決未來的問題並滿足改革的需求。

第二，建立起誠懇、尊重及關心的態度。你用這樣的態度來對待員工，員工也會用同樣的態度來回報你，這樣的氣氛能夠培養出堅強的工作關係，縱然偶有打擊也能夠順利化解。員工用這種態度回報你，也會忠心耿耿的投入行動方案(這是他們和你達成共識的方案)的執行工作。

第三，在整個流程的進行過程中密切注意員工。以下有幾點建議可供各位參考：

1. 保持頻繁的接觸。這樣的做法能夠讓對方了解你的確很關心他，而且也了解到如果有必要的話，你會為他伸出援手。

2. 和員工的接觸必須要有好的理由作後盾。員工也有自己必須遵守的時間及必須完成的工作，如果沒有什麼好的理由就貿然去打擾他們，是有欠考量的冒失行為。

3. 確定員工擁有他們應該具有的資源，以免需要的時候求救無門。

4. 不時詢問員工關於行動方案的經驗，判斷有沒有需要你幫忙的地方。

5. 觀察員工目前對於行動方案的運作情形，如果有必要的話，可以適時提供替代方案的建議。其實許多員工往往不知道原來方案還有別的用處或可以運用的好處。

6. 在適當的時候，合理、妥善的提供員工建議，協助他們提升工作的表現。

7. 如果有新的發展、條件和任何可能有助於員工的要素，都應該讓他們知道。

仔細規劃你的後續工作。這個階段如果做得好，能夠成功贏得員工對你的尊敬及接受。憑藉著這樣的基礎，你能夠和員工建立起長期的互利關係（個人及工作層面）。雙方都成為贏家。圖 18-1 說明幾個能夠協助各位進行後續活動的步驟。

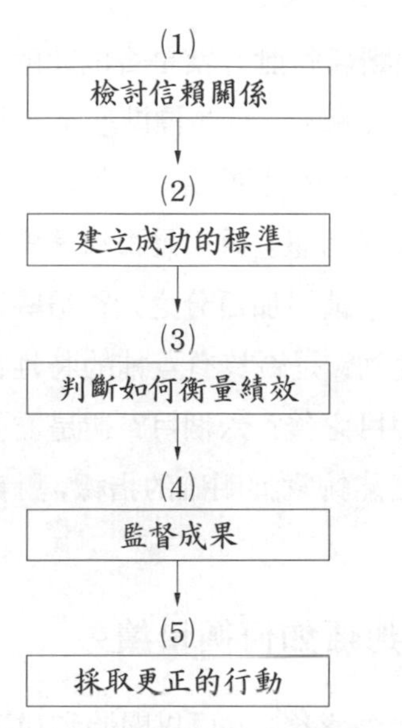

圖 18–1　後續的活動步驟

步驟一：檢討信賴關係

本章前面的部分建議各位和員工建立起正面的關係。在這個步驟中,各位應該再度檢討雙方的信賴關係,並且努力提升互信互賴的程度。這能夠帶來雙重的好處；各位賴以建立信賴的溝通及彈性技巧，能夠提升後續工作的表現,而且整個後續工作本身則有助於各位維持和員工的信賴關係，甚至能夠讓這樣的關係更上一層樓。許多經理人都忽略了後續工作的重要性，以致未能以互動式管理的方法對員工伸出援手，這方面的工作要是做得好，你在同儕中必然會脫穎而出。

步驟二：建立成功的標準

你和員工之間的信賴關係維持在令人滿意的水準時,你們便可以著手設定標準，從而判斷新行動方案是否成功的達成目標。這些標準應該和員工整體的目標互相配合。這些標準通常和行動方案規劃階段為了方便決定而開發出來的目標相互吻合。你在設計執行時間表時參考的品質及時間要素也應該納入考量。員工是否希望提升百分之十的產量？曠職減少百分之二十五？業績增加百分之六？這些目標是否夠清楚？是否能夠衡量？是否能夠達到？是否具有互補的特性？另外員工打算什麼時候達成這些目標？兩個月之後？六個月？還是需要一年的時間？這些特定的目標會讓你和員工能夠掌握明確的指標，對實際的成果進行衡量和比較。

步驟三：判斷如何衡量績效

當你們建立起標準之後，就可以開始和員工討論如何衡量是否能達到這些標準的方法。要是雙方沒有共識的話，你和員工可能會各用各的方法來衡量不同的要素或標準。結果導致雙方沒有共同的立足點，也就無從進行討論、改善並達成共識。誰的數字能夠代表成功？如果你提出的數字不錯，而員工的數字卻很難看，那你要如何進行更正的措施？如果員工的數字不錯，你的數字很糟糕，而你採取更正的行動是正確的，但是員工是否能認同可能造成的干擾？如果你根本不設定數據，那你要如何和員工正確溝通被衡量的成果？把標準（譬如，數字、時間及日期）用書面清楚的記錄下來，避免任何可能會引起爭議的地方。

譬如，當客戶向我們購買為業務人員設計的行銷訓練計劃時，客戶會希望這項訓練計劃能夠帶來實際的成效。這些目標通常也就是我們為了選擇行動方案時所設定的標準。通常來說，客戶會希望每個參與訓練計劃的業務人員都能夠提升業績上的表現。如何表現呢？讓我們把細節說清楚：譬如說，每個參與訓練的業務人員業績都增加百分之五。這樣可以吧？如果我們就在這兒打住，那麼我們可能會以為客戶希望在一年之內看到這樣的成果。不過我們的客戶卻希望在六個月內就看到成效。各位可以想像這樣的誤會會導致什麼樣的後果嗎？如果客戶的目標需要比較長的時間才能夠看出成效的話，那麼這樣的誤解會造成更加嚴重的後果。不過只要雙方不厭其煩的溝通，便能夠預防這種問題的發生。

當各位設定出明確的標準時，就可以開始判斷何時及如何衡量實際的表現，判斷新的表現是否成功的達到目標。通常有幾種方法可以採用，同樣的，你們必須和員工攜手合作，共同挑選出雙方都認同的流程。一般來說，你們需要著手蒐集實際績效的相關資料，以判斷這些績效和先前建立起來的執行時間表與其他衡量成功與否的標準是否吻合。

如果可能的話，客觀、量化的資料會比較理想。不過無法取得這類資料的時候，各位或許會採用某些特定的主觀衡量標準。不管最後你決定要採取哪種衡量的標準，基本上都應該符合這兩個條件：第一是最適合這個特定的情況，第二是你和員工都能夠認同的方法。

現在，你要什麼時候運用這些衡量的方法呢？這也需要你和員工達成共識，以免日後產生問題。特別是什麼時候及多久進行一次之類的細節要說清楚。如果員工屬於「表達型」的人，這些細節都應該記錄下來，否則這些細節很可能會被忽略，衡量流程中也有許多步驟會遺漏。「分析型」的人可能因為做得太過（對工作績效進行衡量的頻率太高或次數太多），而產生不同的問題。因此如果員工屬於這類型的人，那你也應該把衡量標準的細節清楚記錄下來。把流程交代得清清楚楚，這樣一來，成功的機率也會大幅提升。

步驟四：監督成果

現在各位可以著手蒐集有關成果的資料，把這些資料和先前建立的標準進行比較。如果新的績效能夠達到標準的話，那麼你可以繼續進行這個計劃，只要根據計劃設定的時間來監督及衡量成果即可。不過如果新的績效無法達到先前設定的標準，那你得判斷出原因。你和員工可以想想看這些問題：「是否所有的事情都按照時間表順利進行?」「我們是否對結果進行妥善的衡量，並把結果和標準進行比較?」「變革是否出現了新的排斥力量?」「所蒐集的資料是否都是最新的資料?」

當各位在評估成果的時候，務必要體認到這個階段所處的環境和行動方案執行之前的環境已經大不相同。行動方案的過程與改變，甚至於開發這些方案的時間，都讓你周圍的環境出現了很大的變化。每個執行的步驟都可能使得問題的情況出現你想像不到的變化。因此，當你和員工在觀察成果的時候，應該時時將原先的問題和目前的處境加以區分開來。

步驟五：採取更正的行動

在互動式管理解決問題的第一個步驟當中（界定問題），如果目前的環境和目標吻合的話，你就用不著設計新的行動方案。在後續工作的階段，如果新的績效能夠達到成功的標準，那麼你也不用費什麼心思，只要照著時間表進行後續的流程即可。不過在問題的階段，如果員工當前的績效並不理想或是無法達到目標，那麼你就得找出問題的癥結。同樣的，在後續工作的階段，如果新的表現成果不理想或是無法達到成功的標準，那麼你就得採取更正的措施，找出問題的癥結，找出另外一套可行的解決方案，然後執行這套方案。聽起來很熟悉吧? 沒錯。解決問題的流程就是一個閉環系統 (Closed Loop System)，有了新的更正行動方案，你必須重新建立起新的衡量方法和時間表，並且蒐集新的資料來和標準比較。如果成果和標準吻合的話，那麼就可以繼續施行，只需要定期對成果進行衡量與觀察。如果成果無法達到標準，那麼就得回到「界定問題」的階段，然後重新進行整個流程。

不過就算你得重新來過，你和同一個員工第二次或接下來解決問題的流程，通常都不會像第一次花那麼久的時間，因為你和這個員工已經建立起穩固的信賴關係，而且先前的經驗也會很有幫助。

儘管目前已經到達解決問題流程的尾聲，但是這個流程其實並沒有開頭或結尾。經理必須對於行動方案的進行不斷的觀察，監督績效是否吻合目標。為了解說方便，我們雖然把解決問題的流程分成許多步驟，但是實際上這些流程必須一氣呵成，互動式管理才能夠達到最理想的境界。

誠如愛爾賓 (Alvar Elbing) 教授所說的「預防性的決策」(Preventive Decision Making)。當你在執行某個行動方案以及接著進行成果的監督時，便會發現到事先防範的重要性。如果你已經徹底而且有效的進行整個解決問題的流程，那你就用不著到後來才採取更正的行動，投注更多的時間重複一樣的步驟。

在你進行解決問題流程時，應該在每個步驟都檢討你和員工的信賴關係。和員工建立起良好關係的過程能夠有效的預防問題的出現，而這也正是互動式管理的真諦。

參考文獻

ELBING, A. O., "Implementation of the Solution," Chapter 7 in *Behavioral Decisions in Organizations*, 2nd ed. (Glenview, Ill.: Scott, Foresman, 1978), pp. 154–177.

GEORGE, C. S., "How to Solve Problems and Make Decisions," Chapter 6 in *Supervision in Action*, 2nd ed. (Reston, Va.: Reston, 1979), pp. 79–92.

MORRISEY, G. L., Management by *Objectives and Results for Business and Industry*, 2nd ed. (Reading, Mass.: Addison-Wesley, 1977).

第十九章 如何應用所學？

從第一章到現在，我們已經學到不少寶貴的經驗。本書從一開始為互動式管理的理念建立基礎，接著介紹許多判斷、理解不同個人風格的方法，以及如何和不同風格的人互動的道理。另外也討論了不同的學習風格，並且建議各位如何和不同的人互動來加速這樣的溝通過程。還有學習到如何判斷不同的行為風格、如何有效的和不同風格的人互動，從而提升生產力。此外，我們也探討了評估個人決定風格的方法，及如何將這方面的知識運用在解決問題的流程上。最後，人際溝通分析的介紹則提供各位一些簡單卻有效的溝通技巧，讓各位更了解人們如何彼此溝通及為何如此溝通。

在介紹過以上種種理論之後，我們接著介紹互動式溝通的技巧。其中包括了各種提問的技巧和方法，讓各位能夠更輕易的找出問題的癥結並了解員工的真正需求。本書也強調積極聆聽的重要性，透過積極的聆聽，各位才能夠在溝通的過程中充分掌握、回應對方的需求和感受。非言語溝通的介紹讓各位能夠對別人傳遞出來的訊息更加敏感，更加了解他們真實的感受。在這方面，我們介紹了形象、音調、肢體語言、時間的溝通和空間的溝通等領域。溝通的最後一章是介紹意見回應這個重要的議題。之所以如此強調這個議題，主要是讓各位可以確認自己是否充分了解別人所傳遞出來的訊息，同時也確認對方徹底理解自己所傳遞出來的訊息。

本書最後一個部分則是討論互動式管理的主要流程，以及這些流程和解決問題的關聯。這個部分對於互動式管理的每一個步驟都有非常詳盡的解釋，先前幾章討論過的概念在這四個步驟中都獲得了充分的驗證。現在我們已經到了本書的最後一章，接下去要何去何從？

你接下來該何去何從完全要看你自己的決定。各位才剛獲得嶄新的體驗，也得到新的方法可以執行、分析及觀察管理的流程。人們對於新體驗的反應通常不脫以下五種：第一，如果這是個令人愉悅的體驗，而且和以往的經驗並不衝突，那麼人們可以很輕鬆的把新舊經驗整合在一塊。第二，如果人們覺得這個經驗太過險惡，那麼可能會徹底排斥這個經驗。第三，把新的經驗和已經習慣的做法區隔開來，把這個新的經驗視為一種例外，這樣一來，你可以用自己已經習慣的方法來思考或把它當作行為的依據。第四，人們可能會把新的體驗加以扭曲，好讓新的經驗能夠吻合舊有的經驗。第五，人們可能會把新經驗視為新的現實層面，並且為了適應這個新的現實面而調整以前思考與做事的方式。

以上介紹的五種回應方式中最具有生產力的回應方式應該是最後一個。如果各位是這樣的回應，那麼就會展現出正面的行為改變。當然，盡信書不如無書，不能把本書介紹的技巧及理論照單全收。各位應該選擇適合自己的部分，把這些理念納入自己目前所處的「現實面」中。本書所介紹的技巧和理論並不是百分之百的精確。各位採用哪些部分及如何採用，都會對你個人和管理方面的效率產生決定性的影響，不論是現在還是未來皆然。

如果各位在看完這本書之後，開始把互動式管理的理念和流程應用在工作上，我們將會感到非常的榮幸。不過這並不容易，各位需要多加練習，而且難免會犯些錯誤，接著需要更多的磨練，才能夠真正成功的執行互動式管理。各位是否還記得第一次開車的經驗？尚未學開車的階

段，我們稱之為「無意識的無能」(Unconscious Incompetent)，這是說此時並不知道怎麼開車，甚至連自己為什麼不會開車都不知道。當你第一次跟家長、朋友或教練學開車時，你便成了「有意識的無能」(Conscious Incompetent)。雖然還是不會開車，但是此時對於汽車和汽車零件已經有了概念，對自己為什麼不會開車也有所了解。從這個步驟開始，你明白自己應該怎麼做才能夠獲得開車的能力。

只要有些額外的指導及練習，你便能夠成為開車的高手。不過，你必須具備汽車機械方面的知識並知道如何協調身體的動作。你必須知道在轉彎之前先得打燈號。你得記得透過後視鏡觀察車子後頭的交通狀況。你兩手握在方向盤上，還得注意車子的位置是否穩定的在行進車道上。當你具有開車能力的時候，對於這些事情便會瞭若指掌。

想想看你自己開車的情況，你是否還掛念著以上我們所說的事情？當然不是。大多數的人在開車一段時間之後，通常都會進步到一定的程度，成為「無意識的能力」(Unconscious Competency)。達到這個層次，我們不但能夠把某件事做得很好，這種能力會變成自然的反應，根本不用費什麼心思。

前面所舉的這個例子也適用於互動式管理的領域上。各位必須經歷能力進展的過程，才能夠達到最高的境界「無意識的能力」。在這個境界，你可以用互動、自然有效的方式來從事管理。如果你到達這樣的境界，那麼在管理工作與員工的生產力時會更加得心應手，員工對你的信賴和尊敬也會大幅提升。不過，要達到這個境界還是得付出相當的代價，必須不斷的練習，因為除了練習別無他法。

學開車的時候，你可以透過不斷的練習來精進自己的技術。同樣的道理也可以應用在互動式管理的技巧上。某些經理可能得對自己的行為風格做些調整才能進行互動式的管理。假如是這樣的話，這些經理人必須要有心理準備，因為在互動式管理施行的初期，管理工作的生產力會短暫出現下滑的現象，這是受到行為改變的影響，是很正常的反應。只要堅持並且不斷的練習，你會一步一步邁向互動式管理，與「無意識的能力」這個境界也會愈來愈近，管理工作上的生產力大幅攀升，遠遠超過原先的水準，形成新的高峰。

利用互動式管理的解決問題流程，來改善人際關係管理技巧

現在，你已經下定決心要成為互動式的經理人，並且準備好迎接這樣的挑戰。最後的成果絕對值得這番努力。現在應該做的是迎接挑戰。面對各式各樣不同的風格型態、互動式管理裡解決問題的各個步驟以及人際溝通的技巧，各位可能已經搞得頭昏腦脹，根本不知從何著手。你應該怎麼做才能夠建立起有效的行動方案，以滿足你的需求呢?

我們的建議是先把互動式解決問題流程裡的一部份應用到你所處的環境。對於成為互動式經理人的目的必須要加以澄清、說明。接下來則是對你所處的處境加以評估。你在風格彈性這一方面做得好不好?探索?傾聽?了解肢體語言呢?傳遞與接收回應?透過時間及空間所傳遞的訊息有效溝通?當你評估過目前的處境，並且把目前的處境和你成為互動式經理人的目的進行比較之後，你應該能夠找出需要加強的地方及需要解決的問題。需要解決的問題可能不止一個，不過你應該建立處理的優先順序（根據這些問題的重要性來排序）。先處理最需要解決的問題，當你在這方面的能力逐漸提升時，便可以轉移到重要性比較低的問題。在你朝著成為互動式管理經理人這個目標邁進的時候，針對需要改進的領域設計行動方案，界定應該做什麼來完成這個行動方案。設定一套執行的時間表，根據時間表來完成工作。設定目標並建立衡量成功與

否的標準，判斷如何及何時來衡量你在改善互動式管理技巧上的表現。不斷觀察成果，有必要的話採取更正的行動。透過有效使用互動式管理解決問題的模型，各位在互動式管理的技巧一定會不斷的提升。

開發新的行動計劃時，各位可能也會參考各種書籍、錄影帶，或研討會之類更進一步的專業協助。各位應該時時吸取新知，不斷提升自己在互動式管理方面的能力及技巧。

不論你的目標和目的是什麼，都應該要有一套行動方案，並且擬定特定的執行時間表及有效追蹤成果的衡量方法。否則，你可能會把一大堆工作都擠在同一段時間進行，結果不但把自己搞得筋疲力盡，在互動式管理方面的技能也無法精進。這絕對會讓你很挫折，最後可能會因此放棄這種自我提升的計劃。

互動式管理如果獲得運用得當，能夠讓你和員工在公開、坦誠的氣氛當中互相溝通及解決問題。員工能夠針對他們的問題找到解決的方法，而你則能夠獲得員工的支持；員工會全心全意投入，解決他們在個人或是事業上面臨的問題。在互動式管理的過程中，每個人的生產力都得以大幅提升。這個成功的新管理風格——互動式管理風格將會令你感受到前所未有的驕傲。

你用不著等，你可以立刻將互動式管理的技巧應用在工作崗位上。這條康莊大道就擺在眼前，你還想往哪裡去?

人力資源管理——臺灣、日本、韓國

佐護譽／著　蘇進安、林有志／譯

本書以歷史上、文化上素有深厚關連的臺灣、日本和韓國間人力管理之問題為主，加以探討各國的特性。對亞洲各國與歐美諸國間的國際性比較研究，已經有人嘗試過了；但亞洲各國間的國際性比較研究，卻幾乎未見。本書試圖彌補此一被忽略已久的主題，讓您能夠對於亞洲經濟圈之企業經營或人力資源管理有追本溯源的深入瞭解。

（本書為東大圖書公司出版）

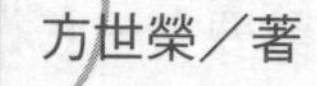

行銷學（增訂三版）

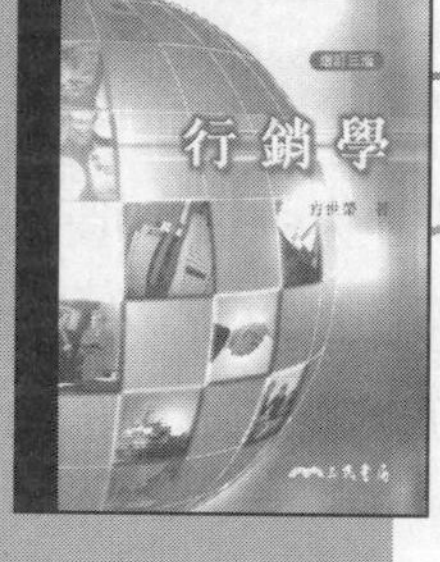

方世榮／著

顧客導向的時代來臨，每個人都該懂行銷！

本書的內容完整豐富，並輔以許多「行銷實務案例」來增進對行銷觀念之瞭解與吸收，一方面讓讀者掌握實務的動態，另一方面則提供讀者更多思考的空間。此外，解讀「網路行銷」這個新新主題，讓您能夠掌握行銷最新知識、走在行銷潮流的尖端。

企業管理辭典

Bengt Karlöf／著　廖文志、欒斌／譯

本書主要介紹企業管理相關知識，內容分為三大部分：第一部分介紹企業管理的基本知識，第二部分介紹常用的企業管理模式，第三部分則介紹一般常用的管理辭彙。全書涵蓋企業管理的重要概念及模式，除可作為研究企業管理之工具書外，亦可作為實務界人士之參考用書。

管理學

伍忠賢／著

本書抱持「為用而寫」的精神，以解決問題為導向，釐清大家似懂非懂的管理概念，並輔以實用的要領、圖表或個案解說，將管理學應用到日常生活和職場領域中。標準化的圖表方式，雜誌報導的寫作風格，使您對抽象觀念或時事個案，都能融會貫通。

（相關著作：財務管理、公司鑑價、策略管理、策略管理全球企業案例分析）

國家圖書館出版品預行編目資料

互動式管理的藝術／Phillip L. Hunsaker, Tony Alessandra著；胡瑋珊譯.－－初版一刷.－－臺北市；三民，2003

面；　公分－－(前瞻叢書Frontier)

ISBN 957-14-3699-2　(平裝)

490

網路書店位址　http://www.sanmin.com.tw

© 互動式管理的藝術

著作人　Phillip L. Hunsaker　Tony Alessandra
譯　者　胡瑋珊
發行人　劉振強
著作財產權人　三民書局股份有限公司
臺北市復興北路386號
發行所　三民書局股份有限公司
地址／臺北市復興北路386號
電話／(02)25006600
郵撥／0009998-5
印刷所　三民書局股份有限公司
門市部　復北店／臺北市復興北路386號
重南店／臺北市重慶南路一段61號
初版一刷　2003年2月
編　號　S 49333
基本定價　伍元貳角
行政院新聞局登記證局版臺業字第〇二〇〇號

ISBN　957-14-3699-2　(平裝)